**2ª edição
com 300 novas fotos**

*Carlos Nogueira Souza Junior
Pedro H. S. Brancalion*

Sementes & mudaS

guia para propagação de árvores brasileiras

Copyright © 2016 Oficina de Textos
2ª edição 2020

Grafia atualizada conforme o Acordo Ortográfico da Língua Portuguesa de 1990, em vigor no Brasil desde 2009.

Conselho editorial   Arthur Pinto Chaves; Cylon Gonçalves da Silva; Doris C. C. K. Kowaltowski; José Galizia Tundisi; Luis Enrique Sánchez; Paulo Helene; Rozely Ferreira dos Santos; Teresa Gallotti Florenzano

Capa e projeto gráfico Malu Vallim
Diagramação e preparação de figuras Alexandre Babadobulos e Letícia Schneiater
Fotografia de detalhes morfológicos Gabriel Colleta
Preparação de textos Carolina A. Messias, Rafael Mattoso e Renata Prilip
Revisão de textos Hélio Hideki Iraha
Revisão botânica Marcelo Pinho
Impressão e acabamento BMF gráfica e editora

Dados Internacionais de Catalogação na Publicação (CIP)
(Câmara Brasileira do Livro, SP, Brasil)

Souza Junior, Carlos Nogueira
Sementes e mudas : guia para propagação de árvores brasileiras / Carlos Nogueira Souza Junior, Pedro H. S. Brancalion. -- 2. ed. -- São Paulo : Oficina de Textos, 2020.

Bibliografia
ISBN 978-65-86235-05-0

1. Árvores - Brasil 2. Flora - Brasil 3. Mudas (Plantas) 4. Plantas (Botânica) 5. Plântulas - Morfologia 6. Sementes 7. Sementes - Germinação 8. Sementes - Morfologia I. Brancalion, Pedro H. S. II. Título.

20-42108   CDD-582.160981

Índices para catálogo sistemático:
1. Brasil : Árvores : Botânica 582.160981

Maria Alice Ferreira - Bibliotecária - CRB-8/7964

Todos os direitos reservados à **Editora Oficina de Textos**
Rua Cubatão, 798
CEP 04013-003 São Paulo SP
tel. (11) 3085-7933
www.ofitexto.com.br
atend@ofitexto.com.br

Agradeço a Deus pela oportunidade de conhecer pessoas que puderam contribuir neste livro.

Em especial à minha família, minha esposa, Karina, e minhas filhas, Julia, Vitória e Alice.

Aos meus sócios, José Carlos Madaschi e Henrique Lott Périgo, pela longa amizade e parceria, a todos os colaboradores do viveiro Camará, em especial Isael (coleta e beneficiamento de sementes), Alessandra (laboratório de análise de sementes), Evanderlei (produção de mudas) e Mateus (administrativo), e aos amigos Daniel, Vladimir, Maicon, Guilherme e Luiz Augusto, pela valiosa contribuição.

Ao Prof. Pedro H. S. Brancalion, grande mestre nesta área e meu parceiro nesta obra, e a todos aqueles que se esforçam em buscar o equilíbrio entre o homem e a natureza.

Carlos Nogueira Souza Junior

À minha esposa, Carolina, e à minha filha, Liz, meus eternos amores, que me inspiram e me fazem uma pessoa melhor e mais feliz a cada dia.

Ao meu pai, Pedro, e à minha mãe, Valdete, minha gratidão pela educação e exemplo, por não medirem esforços para que eu pudesse encontrar minha vocação.

Aos Profs. Ricardo R. Rodrigues e Ana D. L. C. Novembre, da Esalq/USP, e ao Dr. André G. Nave, da BioFlora Tecnologia da Restauração, por terem me introduzido ao mundo das sementes e mudas de espécies nativas.

Por fim, ao meu companheiro Carlos Nogueira Souza Junior, pelas inúmeras lições aprendidas na construção deste livro e exemplo de como desenvolver a produção de sementes e mudas de árvores nativas como uma oração, cheia de amor, paz de espírito e fé.

Pedro H. S. Brancalion

APRESENTAÇÃO

No dia 6 de fevereiro de 2015, uma visita ao viveiro Camará Mudas Florestais transformou minha forma de pensar como ecóloga da restauração. Eu passei o dia com duas pessoas com conhecimento impressionante sobre a produção de sementes e mudas, o cultivo e a ecologia de árvores da Mata Atlântica e do Cerrado: Carlos Nogueira Souza Junior e Pedro H. S. Brancalion. Fiquei encantada com a escala e a capacidade técnica do viveiro e com o cuidado e o amor que sustentam esse empreendimento. Carlos e Pedro estavam trabalhando em um livro que iria informar e ilustrar as características de sementes e mudas de mais de 200 árvores nativas e descrever seus detalhes de propagação em viveiro. Este livro está agora em suas mãos.

Trata-se de um guia para a propagação em viveiro e a definição de características de sementes e plântulas. Cada espécie está apresentada em duas páginas; mas, de fato, cada espécie é por si só um livro esperando para ser escrito. Esse livro descreveria as origens das espécies a partir do seu ancestral mais próximo, as características ambientais onde elas evoluíram e expandiram sua zona de ocorrência, as espécies animais que as comem, dispersam e polinizam, como lidam com os altos e baixos da vida no dia a dia, e como as pessoas podem ajudar a salvá-las do empobrecimento genético ou da extinção. Este guia constitui uma ferramenta urgentemente necessária para massificar a ação humana para restabelecer a diversidade, a abundância e a vibração da Mata Atlântica e dos cerradões do Brasil, cada qual com suas espécies peculiares, bem como para fomentar o cultivo das árvores desses ecossistemas para as mais variadas finalidades, como a produção de madeira e frutos, a silvicultura urbana e o paisagismo.

Se essas "árvores-bebê" pudessem falar, elas diriam um obrigado ao Carlos e ao Pedro por contarem suas histórias, registrarem seus retratos e dedicarem seu tempo a entender suas características e cuidados únicos. Tudo começa aqui, com a coleta e o processamento de sementes e a manipulação de mudas. O próximo passo será plantar cada muda e cultivá-la até que se torne uma árvore madura, a qual fará parte de uma área restaurada, que fará parte da paisagem, a qual então trabalhará para transformar a terra, o ar, a água e a vida das pessoas. O viveiro é o elo de ligação do movimento da restauração, onde negócios, infraestrutura, sementes, conhecimento e ecossistemas nativos se encontram. A publicação deste livro nos dá uma oportunidade para celebrar a biodiversidade, inspirar o cultivo de árvores brasileiras e compartilhar conhecimento e orientação que irão trazer nova vida à Mata Atlântica e ao Cerrado, inspirando esforços similares ao redor do mundo. Agora é hora de aplicar essas valiosas informações em sua máxima capacidade para repovoar com seus habitantes arbóreos nativos as áreas onde a vegetação nativa foi suprimida.

Robin Chazdon
Rio de Janeiro
16 de março de 2016

SUMÁRIO

COMO USAR ESTE LIVRO 8

ESTRUTURA MORFOLÓGICA 11

DESCRIÇÃO MORFOLÓGICA 12

ÍNDICE DE FAMÍLIAS.....................15

ÍNDICE DE ESPÉCIES
nome científico.................................17
nome popular.................................. 20

INTRODUÇÃO 23

ESPÉCIES..43

COMO USAR ESTE LIVRO

Nome científico

Escala

Foto da muda

Astronium graveolens
Jacq.

Nome do autor
Abreviação do nome do cientista que descobriu e classificou a espécie.

ANACARDIACEAE
Guaritá

Família

Nome popular

Descrição morfológica

Produção

Produção de sementes e mudas

COLETA DE SEMENTES
Período: setembro a novembro.
Técnica: coleta dos frutos de coloração marrom-escura e já secos direto da árvore, com podão, quando outros frutos da árvore já tiverem começado a cair. Outra opção, mais recomendada, é forrar o chão ao redor da árvore com uma lona e balançar os galhos no horário mais quente do dia, desde que não esteja ventando, para que as sementes sejam recolhidas.
Altura média das matrizes: 10 a 15 m.

BENEFICIAMENTO
Técnica: secar os frutos ao sol e esfregá-los em peneira para remoção das asas.

Secagem: tolerante.
Armazenamento: > 1 ano.

SEMEADURA
Quebra de dormência: desnecessária.
Germinação esperada: 80% a 100%.
Tempo para emergência: < 15 dias.

PRODUÇÃO DE MUDAS
Tolerância à repicagem: alta.
Pragas e doenças: mancha nas folhas.
Tempo de produção: 3 a 4 meses; *altura:* 20 a 30 cm; *diâmetro do colo:* > 3 mm.

Fruto: seco indeiscente, alado, dispersão anemocórica.

Semente: ortodoxa, sem dormência, 34.330 sementes/kg.

Características de frutos

Características da semente

ESTRUTURA MORFOLÓGICA BÁSICA DE FOLHAS SIMPLES E COMPOSTAS

Folha simples

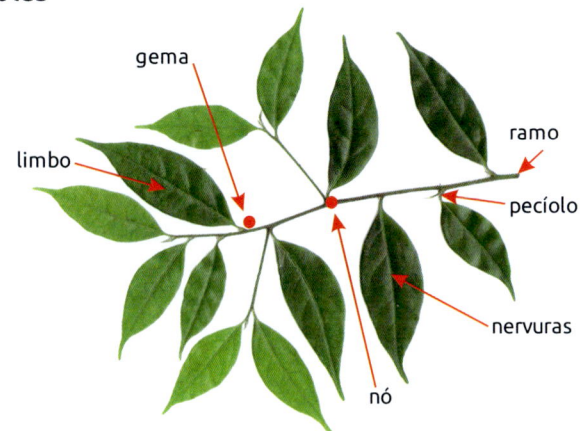

Folha composta

Folha recomposta

A folha é definida a partir do ponto de inserção da gema lateral.

DESCRIÇÃO MORFOLÓGICA

 **simples**
limbo inteiro, sem subdivisões

 **composta pinada imparipinada**
limbo subdividido em vários folíolos partindo de diferentes pontos, terminando em um folíolo

 **simples lobada**
limbo inteiro, mas com reentrâncias

 **recomposta**
limbo subdividido em folíolos, e os folíolos, em foliólulos

 **simples pinatisecta**

 **borda inteira**
limbo sem reentrâncias

 **simples**
folha simples quando jovem, que se torna composta com o tempo

 **borda recortada**
limbo com reentrâncias, que podem se apresentar de várias formas

 **composta bifoliolada**
limbo subdividido em dois folíolos

 **glabra**
folha lustrosa, sem tricomas (estruturas semelhantes a pequenos pelos)

 **composta trifoliolada**
limbo subdividido em três folíolos

 **pilosa**
folha recoberta por tricomas, que podem ser de vários tipos

 **composta digitada**
limbo subdividido em mais de três folíolos, que partem do mesmo ponto

 **base revoluta**
voltada para a face de baixo da folha

 **composta pinada paripinada**
limbo subdividido em vários folíolos partindo de diferentes pontos, terminando em dois folíolos

 **base assimétrica**
a base do limbo do lado direito da folha tem forma diferente da base do lado esquerdo

pontuações translúcidas
pontos mais claros que se destacam ao olhar a folha contra a luz

folha discolor
limbo superior e inferior apresentam cor diferente

pontuações brancas
pontos brancos que se destacam ao olhar a folha contra a luz

nervura curvinérvea
nervuras principais se originam do mesmo ponto na base do limbo

glândula na base do limbo
protuberância localizada na base da folha, geralmente na junção das nervuras secundárias

nervura peniparalelinérvea
nervura principal evidente e secundárias longas e paralelas entre si

glândula na ponta do limbo
protuberância localizada no ápice do limbo

trinervada
três nervuras principais que saem da base da folha

glândula no pecíolo
protuberância localizada no pecíolo da folha

nervura marginal coletora
nervura que margeia as extremidades do limbo

glândula na raque
protuberância localizada na raque da folha

alterna dística
apenas uma folha por nó e folhas dispostas no mesmo plano

domácias
estruturas pequenas na forma de cavidades ou tufos de pelos na face de baixo da folha, na junção das nervuras secundárias com a principal

alterna espiralada
apenas uma folha por nó e folhas dispostas em diferentes planos

raque alada
nervura central expandida lateralmente

oposta cruzada
o par de folhas dos nós é disposto em planos cruzados

verticilada
mais de duas folhas inseridas por nó

com látex
secreção espessa e esbranquiçada, amarelada ou translúcida produzida ao danificar folhas e ramos

estípula lateral
estrutura semelhante a pequenas folhas que protege as gemas laterais

com lenticelas
presença de pontuações brancas no caule e em ramos

estípula interpeciolar
estrutura semelhante a pequenas folhas localizada entre os pecíolos de folhas opostas

seção do ramo quadrangular
ramo quadrangular, com quatro vértices sensíveis ao toque

estípula intrapeciolar
estrutura semelhante a pequenas folhas fundida ao pecíolo

estípula terminal
estrutura semelhante a pequenas folhas que protege a gema apical

ócrea
estrutura que envolve o caule acima ou abaixo da inserção da folha

com acúleos/espinhos
presença de acúleos/espinhos no caule, ramo e/ou folhas

estipelas
pequenas estípulas localizadas na base dos folíolos

ÍNDICE DE FAMÍLIAS

A
Anacardiaceae 44 a 52
Annonaceae 54 a 60
Apocynaceae 62 a 72
Araliaceae 74 a 76
Araucariaceae 78
Arecaceae 80 a 88
Asteraceae 90 a 92

B
Bignoniaceae 94 a 116
Boraginaceae 118 a 126
Burseraceae 128

C
Calophyllaceae 130
Cannabaceae 132 a 134
Caricaceae 136 a 138
Caryocaraceae 140
Celastraceae 142
Combretaceae 144 a 146
Cunoniaceae 148

E
Euphorbiaceae 150 a 164

F
Fabaceae 166 a 266

L
Lacistemataceae 268
Lamiaceae 270 a 276
Lauraceae 278 a 282
Lecythidaceae 284 a 286
Lythraceae 288 a 290

M
Magnoliaceae 292
Malpighiaceae 294

Malvaceae 296 a 314
Melastomataceae 316 a 320
Meliaceae 322 a 332
Moraceae 334 a 338
Myristicaceae 340
Myrtaceae 342 a 378

O
Ochnaceae 380

P
Peraceae 382
Phytolaccaceae 384 a 388
Polygonaceae 390
Primulaceae 392 a 396
Proteaceae 398

R
Rhamnaceae 400 a 402
Rosaceae 404
Rubiaceae 406 a 414
Rutaceae 416 a 430

S
Salicaceae 432
Sapindaceae 434 a 440
Sapotaceae 442
Solanaceae 444 a 448
Styracaceae 450

U
Urticaceae 452 a 456

V
Verbenaceae 458 a 460

W
Winteraceae 462

ÍNDICE DE ESPÉCIES
nome científico

Acnistus arborescens 444
Acrocomia aculeata 80
Aegiphila integrifolia 270
Aegiphila verticillata 272
Albizia niopoides 166
Alchornea glandulosa 150
Alchornea sidifolia 152
Alibertia edulis 406
Aloysia virgata 458
Amaioua intermedia 408
Anadenanthera colubrina var. *cebil* 168
Anadenanthera colubrina var. *colubrina* 170
Anadenanthera peregrina var. *falcata* 172
Andira fraxinifolia 174
Annona cacans 54
Apeiba tibourbou 296
Araucaria angustifolia 78
Aspidosperma australe 62
Aspidosperma cylindrocarpon 64
Aspidosperma parvifolium 66
Aspidosperma polyneuron 68
Aspidosperma ramiflorum 70
Astronium graveolens 44
Balfourodendron riedelianum 416
Bauhinia forficata 176
Bauhinia longifolia 178
Byrsonima sericea 294
Cabralea canjerana 322
Calophyllum brasiliense 130
Calyptranthes clusiifolia 342
Campomanesia guazumifolia 344
Campomanesia pubescens 346
Campomanesia xanthocarpa 348
Cariniana estrellensis 284

Cariniana legalis 286
Caryocar brasiliense 140
Casearia sylvestris 432
Cassia leptophylla 180
Cecropia glaziovii 452
Cecropia hololeuca 454
Cecropia pachystachya 456
Cedrela fissilis 324
Cedrela odorata 326
Ceiba speciosa 298
Celtis iguanaea 132
Centrolobium tomentosum 182
Citharexylum myrianthum 460
Colubrina glandulosa 400
Copaifera langsdorffii 184
Cordia americana 118
Cordia ecalyculata 120
Cordia sellowiana 122
Cordia superba 124
Cordia trichotoma 126
Croton floribundus 154
Croton piptocalyx 156
Croton urucurana 158
Cryptocarya aschersoniana 278
Cupania vernalis 434
Cybistax antisyphilitica 94
Dahlstedtia muehlbergiana 186
Dalbergia miscolobium 188
Dendropanax cuneatus 74
Diatenopteryx sorbifolia 436
Dictyoloma vandellianum 418
Dilodendron bipinnatum 438
Dimorphandra mollis 190
Dipteryx alata 192

Drimys brasiliensis 462
Duguetia lanceolata 56
Enterolobium contortisiliquum 194
Eriotheca candolleana 300
Erythrina falcata 196
Erythrina speciosa 198
Erythrina verna 200
Esenbeckia febrifuga 420
Esenbeckia leiocarpa 422
Eugenia brasiliensis 350
Eugenia dysenterica 352
Eugenia involucrata 354
Eugenia pyriformis 356
Eugenia uniflora 358
Euterpe edulis 82
Ficus guaranitica 334
Ficus obtusifolia 336
Gallesia integrifolia 384
Genipa americana 410
Guarea guidonia 328
Guarea kunthiana 330
Guatteria australis 58
Guazuma ulmifolia 302
Handroanthus chrysotrichus 96
Handroanthus heptaphyllus 98
Handroanthus impetiginosus 100
Handroanthus ochraceus 102
Handroanthus umbellatus 104
Helietta apiculata 424
Heliocarpus popayanensis 304
Holocalyx balansae 202
Hymenaea courbaril var. stilbocarpa 204
Hymenaea stigonocarpa 206
Inga edulis 208
Inga laurina 210
Inga marginata 212
Inga vera subsp. affinis 214
Jacaranda cuspidifolia 106
Jacaratia spinosa 138
Lacistema hasslerianum 268

Lafoensia glyptocarpa 288
Lafoensia pacari 290
Lamanonia ternata 148
Leucochloron incuriale 216
Lithraea molleoides 46
Lonchocarpus cultratus 218
Luehea divaricata 306
Luehea grandiflora 308
Mabea fistulifera 160
Machaerium hirtum 220
Machaerium nyctitans 222
Machaerium stipitatum 224
Machaerium villosum 226
Maclura tinctoria 338
Magnolia ovata 292
Magonia pubescens 440
Maprounea guianensis 162
Mauritia flexuosa 84
Maytenus gonoclada 142
Miconia ligustroides 316
Miconia rubiginosa 318
Mimosa bimucronata 228
Moquiniastrum polymorphum 90
Myracrodruon urundeuva 48
Myrcia fenzliana 360
Myrciaria floribunda 364
Myrciaria glazioviana 366
Myrcia tomentosa 362
Myrocarpus frondosus 230
Myroxylon peruiferum 232
Myrsine coriacea 392
Myrsine guianensis 394
Myrsine umbellata 396
Nectandra megapotamica 280
Ocotea odorifera 282
Ormosia arborea 234
Ouratea castaneifolia 380
Parapiptadenia rigida 236
Peltophorum dubium 238
Pera glabrata 382

Phytolacca dioica 386
Piptadenia gonoacantha 240
Piptocarpha rotundifolia 92
Plathymenia reticulata 242
Platycyamus regnellii 244
Platypodium elegans 246
Plinia edulis 368
Plinia peruviana 370
Poecilanthe parviflora 248
Pouteria ramiflora 442
Protium heptaphyllum 128
Prunus myrtifolia 404
Pseudobombax grandiflorum 310
Pseudobombax tomentosum 312
Psidium cattleianum 372
Psidium guineense 374
Psidium myrtoides 376
Psidium rufum 378
Psychotria carthagenensis 412
Pterocarpus rohrii 250
Pterogyne nitens 252
Rhamnidium elaeocarpum 402
Roupala montana var. *montana* 398
Rudgea viburnoides 414
Schefflera morototoni 76
Schinus terebinthifolius 50
Schizolobium parahyba var. *parahyba* 254
Sebastiania brasiliensis 164
Seguieria langsdorffii 388
Senegalia polyphylla 256
Senna alata 258
Senna macranthera 260
Senna multijuga 262
Senna pendula 264
Solanum granulosoleprosum 446
Solanum lycocarpum 448
Sparattosperma leucanthum 108
Sterculia striata 314
Stryphnodendron adstringens 266
Styrax ferrugineus 450

Syagrus oleracea 86
Syagrus romanzoffiana 88
Tabebuia aurea 110
Tabebuia insignis 112
Tabebuia roseoalba 114
Tabernaemontana catharinensis 72
Tapirira guianensis 52
Terminalia argentea 144
Terminalia glabrescens 146
Tibouchina granulosa 320
Trema micrantha 134
Trichilia silvatica 332
Triplaris americana 390
Vasconcellea quercifolia 136
Virola sebifera 340
Vitex megapotamica 274
Vitex polygama 276
Xylopia aromatica 60
Zanthoxylum caribaeum 426
Zanthoxylum rhoifolium 428
Zanthoxylum riedelianum 430
Zeyheria tuberculosa 116

ÍNDICE DE ESPÉCIES
nome popular

Açoita-cavalo 306
Açoita-cavalo-graúdo 308
Agulheiro 388
Alecrim-de-campinas 202
Algodoeiro 304
Almecegueira 128
Amarelinho 146
Amendoim-bravo 252
Amendoim-do-campo 246
Angelim-amargoso 174
Angico-branco 170
Angico-do-cerrado 172
Angico-rajado 216
Angico-vermelho 168
Araçá-amarelo 372
Araçá-cagão 378
Araçá-do-campo 374
Araçarana 342
Araçá-roxo 376
Araribá 182
Araticum-cagão 54
Araucária 78
Aroeira-brava 46
Aroeira-pimenteira 50
Aroeira-preta 48
Babosa-branca 124
Barbatimão 266
Baru 192
Bico-de-pato 222
Bonifácio 162
Branquilho 164
Buriti 84
Cabeludinha 366
Cabreúva 232

Cafezinho 142
Cagaita 352
Caixeta-mole 156
Camboatã-vermelho 434
Cambucá 368
Cambuí 364
Canafístula 238
Candeia 90
Canela-batalha 278
Canela-sassafrás 282
Canelinha 280
Canjambo 330
Canjarana 322
Capitão-do-campo 144
Capixingui 154
Capororoca 392
Capororoca-branca 394
Capororocão 396
Caroba-da-flor-verde 94
Carvalho-brasileiro 398
Carvoeiro 408
Casca-branca 414
Casca-d´anta 462
Catiguá-branco 332
Cebolão 386
Cedro-do-brejo 326
Cedro-rosa 324
Cereja-do-rio-grande 354
Chá-de-bugre 122
Claraíba 120
Copaíba 184
Correieira 436
Crumarim 420
Dedaleiro 290

Embaúba-branca 454
Embaúba-do-brejo 456
Embaúba-vermelha 452
Embira-de-sapo 186
Embirinha 218
Embiruçu 310
Embiruçu-peludo 312
Erva-de-rato 412
Espeteiro-do-campo 268
Espinho-de-maricá 228
Falso-barbatimão 180
Farinha-seca 166
Faveiro 190
Fedegoso-gigante 258
Figueira-branca 334
Folha-de-castanha 380
Fruta-de-lobo 448
Fruto-de-sabiá 444
Gabiroba 346
Gameleira 336
Goiabeira-brava 362
Goiabeira-preta 406
Grão-de-galo 132
Grumixama 350
Guabiroba 348
Guaçatonga 432
Guaiuvira 118
Guanandi 130
Guaperê 148
Guapuruvu 254
Guarantã 422
Guaritá 44
Guarucaia 236
Guatambu-amarelo 70
Guatambu-oliva 66
Gueirova 86
Infalível 92
Ingá-de-metro 208
Ingá-do-brejo 214
Ingá-feijão 212

Ingá-mirim 210
Ipê-amarelo 102
Ipê-amarelo-cascudo 96
Ipê-amarelo-do-brejo 104
Ipê-amarelo-do-cerrado 110
Ipê-boia 108
Ipê-branco 114
Ipê-branco-do-brejo 112
Ipê-felpudo 116
Ipê-roxo-de-bola 100
Ipê-roxo-sete-folhas 98
Jabuticabeira 370
Jacarandá-branco 106
Jacarandá-paulista 226
Jacatirão 318
Jaracatiá 138
Jatobá 204
Jatobá-do-cerrado 206
Jenipapeiro 410
Jequitibá-branco 284
Jequitibá-rosa 286
Jerivá 88
Joá 446
Lapacho 248
Leiteiro 72
Limoeiro-do-mato 450
Lixeira 458
Louro-pardo 126
Maçaranduba 442
Macaúva 80
Mamão-do-mato 136
Mamica-de-cadela 430
Mamica-de-porca 428
Mamica-fedorenta 426
Mamona-do-mato 160
Mandioqueiro 76
Manduirana 260
Maria-mole 74
Maria-pobre 438
Maria-preta 276

Marinheiro 328
Mirindiba-rosa 288
Monjoleiro 256
Mulungu 196
Murici 294
Mutambo 302
Óleo-pardo 230
Olho-de-cabra 234
Osso-de-burro 424
Paineira-rosa 298
Paineirinha 300
Palmito-juçara 82
Papa-guela 360
Pata-de-vaca 178
Pau-angu 220
Pau-cigarra 262
Pau-d'alho 384
Pau-formiga 390
Pau-jacaré 240
Pau-jangada 296
Pau-marfim 416
Pau-pereira 244
Pau-pólvora 134
Peito-de-pomba 52
Pau-sangue 250
Pau-viola 460
Pequi 140
Peroba-poca 64
Peroba-rosa 68
Pessegueiro-bravo 404
Pimenta-de-macaco 60
Pindaíva 56
Pindaíva-preta 58
Pinha-do-brejo 292
Pitanga 358
Piteira 264
Pixirica 316
Quaresmeira 320
Saguaraji-amarelo 402
Sangra-d'água 158

Sapateiro 382
Sapuva 224
Sapuvuçu 188
Sete-capotes 344
Sobrasil 400
Suinã 198
Taiúva 338
Tamanqueiro 270
Tamanqueiro-do-cerrado 272
Tambu-verde 62
Tanheiro 152
Tapiá 150
Tarumã 274
Timburi 194
Tingui 418
Tingui-do-cerrado 440
Ucuba 340
Unha-de-vaca 176
Uvaia 356
Verna 200
Vinhático 242
Xixá 314

INTRODUÇÃO

O presente guia foi elaborado com base em 20 anos de experiência prática na produção de sementes e mudas de espécies arbóreas nativas no viveiro Camará, localizado em Ibaté (SP), produtor de cerca de 2 milhões de mudas de espécies nativas por ano (Fig. I.1). Dessa forma, as recomendações aqui apresentadas refletem a vivência da produção de sementes e mudas nesse contexto, no qual se utiliza de um sistema tecnificado de manejo (Fig. I.2).

Fig. I.1 *Imagem aérea do viveiro Camará*

Consequentemente, variações das recomendações apresentadas podem ocorrer em função de diferenças: i) na estrutura de produção, por exemplo, quando se produzem mudas em sacolas plásticas ou há variações no sistema de irrigação; ii) no sistema de manejo, relacionado a aspectos do recipiente, substrato, adubação e espaçamento das mudas utilizados; iii) na localização geográfica do viveiro, que influencia a sazonalidade da produção de sementes, a velocidade de crescimento das mudas e a incidência de pragas e doenças em virtude de variações do regime climático.

As espécies descritas neste guia tampouco devem ser consideradas como recomendadas para uso geral e irrestrito em projetos de recuperação ambiental, indistintamente da região geográfica, uma vez que foram incluídas neste volume apenas espécies ocorrentes na região de abrangência do viveiro, ou seja, na Floresta Estacional Semidecidual e Cerradão da região central do Estado de São Paulo. No entanto, como muitas dessas espécies possuem uma ampla distribuição ecológica, as recomendações apresentadas são úteis para viveiros de mudas localizados em outras regiões e estados brasileiros que também produzem essas espécies. Da mesma forma, a descrição das espécies está baseada em princípios gerais de

1ª fase: semeadura e transplante (duração aproximada: 60 dias)

Semeadura direta

Visão externa de estufa de semeadura

Semeadura direta em bandejas plásticas

Visão interna de estufa de semeadura

Plântulas recém-emergidas em bandejas

Semeadura indireta

Visão interna de estufa com canteiros

Semeadura indireta em canteiros com areia

Plântulas recém-emergidas em canteiros

Transplante de plântulas para bandejas

Plântulas prontas em bandejas para a fase de crescimento

2ª fase: crescimento (duração aproximada: 45 a 60 dias)

1. Transplante das plântulas das bandejas para tubetes

Fig. I.2 *Descrição das etapas do sistema de produção de mudas utilizado pelo viveiro Camará*

2. Crescimento a pleno sol, em bandejas suspensas e com mudas espaçadas

3. Fertirrigação usando barras

3ª fase: rustificação e expedição (duração aproximada: mínima de 15 dias e máxima de 120 dias)

1. Cultivo a pleno sol de mudas ocupando apenas 25% da área dos canteiros, já no porte ideal de expedição

2. Controle do tamanho e identificação dos lotes de mudas, expedidas em pacotes de uma única espécie ou em *mix* de várias espécies

Fig. I.2 *Descrição das etapas do sistema de produção de mudas utilizado pelo viveiro Camará (cont.)*

produção de sementes e mudas que se aplicam às demais espécies arbóreas nativas ou mesmo exóticas, os quais podem ser adaptados com sucesso a espécies não descritas neste guia. Trata-se de princípios relacionados a aspectos mais amplos de Biologia Vegetal, fundamentados na Ecologia de Regeneração de espécies arbóreas em geral. Por exemplo, as recomendações de técnicas de beneficiamento de sementes são determinadas pelo tipo de fruto e pouco variam entre diferentes espécies que possuem o mesmo tipo de fruto, de forma que a identificação do tipo de fruto de uma determinada espécie não apresentada neste guia pode ser suficiente para que se apliquem as recomendações aqui expressas.

Busca-se ainda apresentar as características morfológicas das espécies e algumas dicas de reconhecimento de forma prática e simplificada, sem recorrer a termos técnicos de Botânica, em geral pouco amistosos a estudantes e profissionais que não atuam na área. No entanto, alguns desses termos técnicos tiveram de ser utilizados, dada a sua importância para o reconhecimento das espécies e a ausência de termos similares mais simples que pudessem ser usados como sinônimos. Dessa forma, não se deve utilizar este guia como instrumento de reconhecimento de espécies, o qual depende de informações morfológicas mais detalhadas e específicas para que possa ser realizado, demandando ramos reprodutivos (com flor e/ou fruto) para isso.

As recomendações expostas neste guia estão organizadas em seis categorias principais, as quais serão detalhadas para uma melhor compreensão das técnicas e materiais mencionados ao longo da descrição das espécies.

Características de frutos e sementes

As árvores nativas apresentam diferentes tipos de frutos, os quais são determinados ao longo da evolução das espécies pelo desenvolvimento de uma estratégia de dispersão de sementes (Fig. I.3). Considerando o processo de beneficiamento, os frutos se dividem essencialmente em *frutos carnosos* (revestidos por polpa suculenta que serve de alimento para os animais que promovem sua dispersão) e *frutos secos* (que não apresentam polpa ou possuem polpa seca, não carnosa, que também auxilia na dispersão). Por sua vez, os frutos secos são classificados em *deiscentes* (que se abrem sozinhos, liberando ou expondo as sementes ao meio) e *indeiscentes* (que não se abrem sozinhos, mantendo as sementes em seu interior).

Os frutos secos deiscentes podem possuir sementes: i) com asas (sementes aladas), plumas ou outras estruturas que favorecem a dispersão pelo vento (dispersão anemocórica); ii) com arilo, que é um tecido aderido à semente que serve de alimento para animais dispersores, como aves, morcegos, mamíferos terrestres e formigas (dispersão zoocórica); e iii) completamente lisas, sem nenhuma estrutura associada à dispersão por um agente externo, como o vento, a água ou animais, de forma que a dispersão ocorre apenas por meio da gravidade (dispersão autocórica), podendo os frutos se abrir de forma gradual ou explosiva, lançando as sementes para um pouco mais longe da planta matriz.

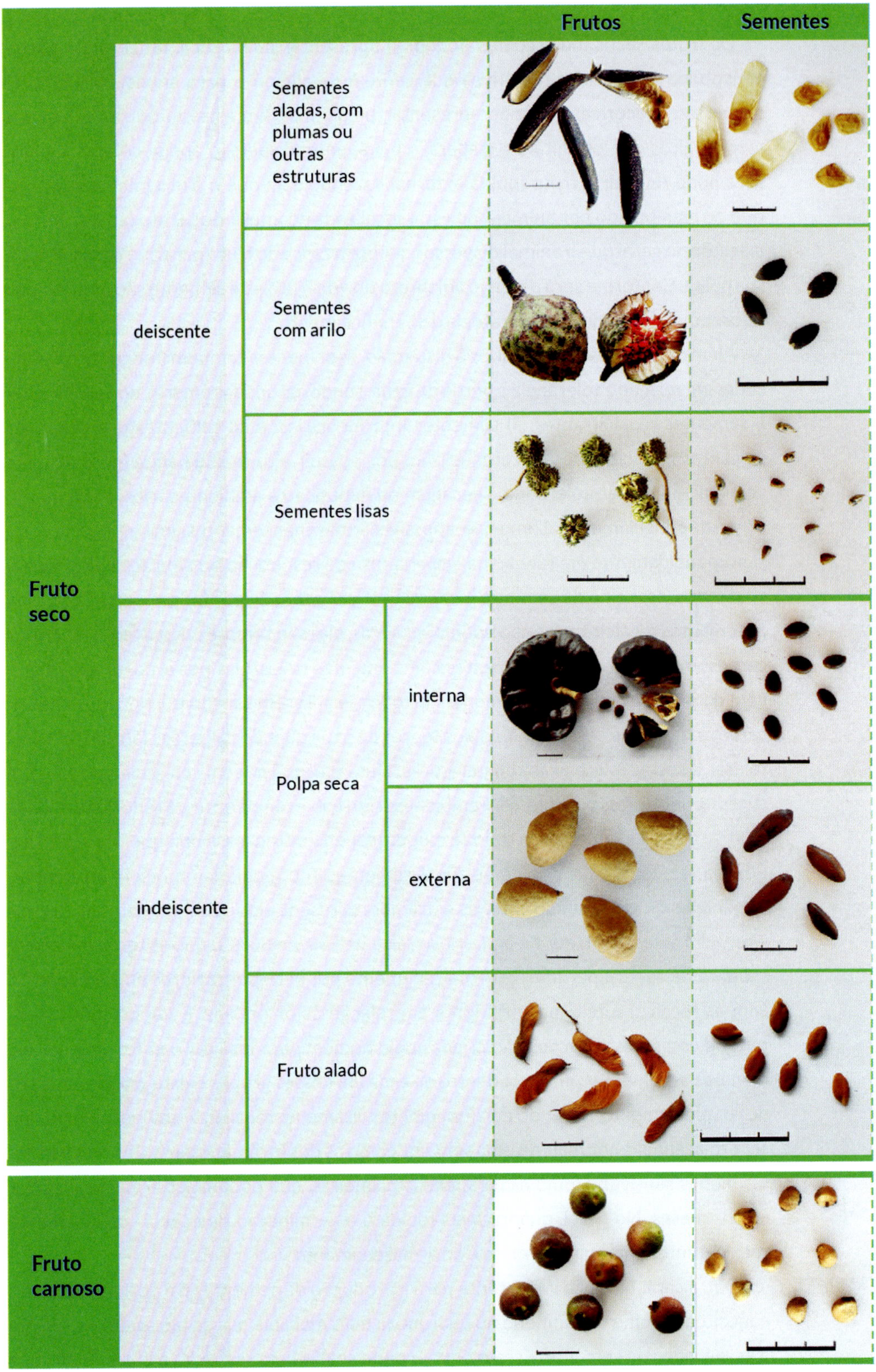

			Frutos	Sementes
Fruto seco	deiscente	Sementes aladas, com plumas ou outras estruturas		
		Sementes com arilo		
		Sementes lisas		
	indeiscente	Polpa seca — interna		
		Polpa seca — externa		
		Fruto alado		
Fruto carnoso				

Fig. I.3 *Classificação dos tipos principais de frutos encontrados em espécies arbóreas nativas em relação ao processo de beneficiamento*

Os frutos secos indeiscentes podem: i) apresentar polpa seca, no geral farinácea, constituída por tecidos nutritivos que servem de alimento para animais dispersores (dispersão zoocórica); e ii) não apresentar polpa, mas sim asas ou outras estruturas morfológicas que permitam a dispersão pelo vento (dispersão anemocórica). A polpa seca pode revestir o fruto (polpa externa), fazendo com que o fruto inteiro seja ingerido ou manipulado por animais, ou estar localizada no interior do fruto (polpa interna), exigindo no geral que o animal dispersor quebre a casca do fruto para que possa acessar sua polpa. Conforme será descrito adiante, o tipo de fruto e de semente são os principais fatores que determinam a estratégia de beneficiamento.

Além dos fatores relacionados à dispersão, as sementes também podem ser classificadas em relação à tolerância à perda de água, sendo agrupadas em três tipos principais: i) sementes recalcitrantes; ii) sementes intermediárias; e iii) sementes ortodoxas. As sementes recalcitrantes se caracterizam por possuir alto teor de água (normalmente acima de 40%), não tolerando a secagem ou exposição a ambientes frios, próximos do ponto de congelamento. Como não é possível armazenar sementes úmidas, que se deterioram rapidamente em função da elevada taxa de respiração ou pela ação de pragas e patógenos, esse tipo de semente não pode ser armazenado por longos períodos. Como as sementes recalcitrantes não podem ser secas, elas são sempre encontradas em frutos carnosos ou frutos secos deiscentes com sementes revestidas por arilo, que as protegem da perda d'água. Já as sementes ortodoxas apresentam comportamento oposto, caracterizando-se por possuir baixos teores de água quando dispersas (abaixo de 15%), tolerar a secagem e baixas temperaturas. Dessa forma, podem ser armazenadas com sucesso, por longos períodos, em ambientes com baixa temperatura e reduzida umidade relativa do ar. As sementes ortodoxas podem ser encontradas em qualquer tipo de fruto. Por sua vez, como o próprio nome diz, as sementes intermediárias apresentam comportamento fisiológico situado entre os extremos representados pelas sementes ortodoxas e recalcitrantes, com teor de água, no geral, entre 20% e 30%, o que as torna mais tolerantes à secagem e permite seu armazenamento por períodos maiores em comparação com as recalcitrantes, mas inferiores em relação às ortodoxas. É importante ressaltar que essas classificações são criadas pelo homem para facilitar o entendimento e o manejo das sementes, mas que dentro de cada um desses grupos existe grande variação de comportamento, havendo desde sementes altamente recalcitrantes, que não podem ser armazenadas por mais de uma semana, como as dos ingás, até sementes recalcitrantes menos sensíveis, como as de algumas palmeiras, que podem ser armazenadas por alguns meses. No geral, quanto mais rápida é a germinação da espécie com semente recalcitrante, mais vulnerável ela é ao armazenamento.

Outra característica importante para a produção de sementes é a dormência, que é conceituada como o fenômeno no qual um ou mais mecanismos de bloqueio restringem a germinação da semente. Esse bloqueio pode se dar pela restrição à entrada de água e gases no tegumento da semente, caracterizando uma dormência física (tegumento impermeável), ou pela presença de substâncias inibidoras da germinação (dormência fisiológica), na qual as sementes não germinam mesmo estando umedecidas. No geral, são necessários estímulos externos, como a incidência de luz em certos comprimentos de onda ou a alternância de temperatura, para que o balanço entre substâncias promotoras e inibidoras da germinação seja equilibrado.

Coleta de sementes

A coleta de sementes consiste em selecionar uma árvore produtora de sementes (matriz) e, ao tempo certo, coletar os frutos dessa matriz para obter as sementes a serem utilizadas na produção de mudas. O sucesso nessa atividade é determinado essencialmente pela i) localização das matrizes, ii) determinação do momento adequado para a coleta, iii) uso de equipamentos e técnicas adequados para coletar as sementes, e iv) devida proteção do coletor contra acidentes pessoais.

A localização das matrizes depende do conhecimento das populações das espécies de interesse na região em que ocorrerá a coleta. Uma atividade que facilita a localização dessas matrizes é sua marcação, que consiste no georreferenciamento do indivíduo, na colocação de uma placa de identificação e na anotação de dicas para encontrar o indivíduo (Fig. I.4). Dessa forma, é possível criar um banco de dados com essas informações e planejar as saídas de campo de forma mais criteriosa e organizada, estabelecendo rotas de coleta que resultarão na obtenção de uma quantidade maior de sementes, de mais espécies, de mais indivíduos de cada espécie e com menores custos de deslocamento.

Fig. I.4 (A) Georreferenciamento de uma matriz e (B) placa de identificação

O período adequado para a coleta de sementes é determinado pelo grau de maturidade dos frutos, devendo-se sempre coletar frutos já maduros ou o mais próximo possível da maturidade para que as sementes apresentem maior germinação e vigor. A forma pela qual o grau de maturidade dos frutos é determinado varia de acordo com o tipo de fruto e semente (Fig. I.5). Para frutos secos descentes com dispersão anemocórica ou autocórica, a coleta deve ser realizada quando os primeiros frutos da árvore começarem a se abrir, indicando que os outros frutos ainda fechados já estão perto de se abrirem também. Caso se coletem os frutos antes, as sementes podem não germinar bem por estarem ainda imaturas, ao passo que, se os frutos já estiverem abertos, as sementes provavelmente já terão sido liberadas no ambiente e o recolhimento das sementes no chão será inviável. O mesmo vale para os frutos secos deiscentes com sementes com arilo, que podem ter as sementes removidas por animais depois de os frutos já terem se aberto espontaneamente.

Fig. I.5 *Exemplos de características de frutos que auxiliam na identificação do ponto de maturação das sementes: (A) mudança de coloração; (B) mudança de consistência e odor; (C) início de abertura espontânea; e (D) início de desprendimento espontâneo da planta matriz*

A coleta de frutos secos indeiscentes com dispersão anemocórica deve ser realizada de forma similar à de frutos secos deiscentes com o mesmo tipo de dispersão, ou seja, quando as sementes começarem a se desprender espontaneamente da planta matriz. Já para os frutos secos indeiscentes com polpa seca, normalmente se espera que os frutos se desprendam espontaneamente da planta matriz para que sejam posteriormente recolhidos do chão. Isso se justifica em virtude de a maior parte das espécies com esse tipo de fruto ser dispersa por mamíferos terrestres, que se alimentam dos frutos depositados sob a copa da árvore. Dessa forma, a queda dos frutos indica que eles já estão maduros. No entanto, deve-se ter atenção para não recolher frutos já caídos há muito tempo, misturados no solo com os mais novos, pois as sementes podem ter sido atacadas por pragas e patógenos, já estando mortas.

A técnica de coleta de sementes é determinada pela dificuldade de acessar os frutos já maduros da espécie de interesse. Conforme já mencionado, a coleta pode ser realizada em alguns casos pelo simples recolhimento dos frutos do chão, técnica mais utilizada em espécies dispersas por mamíferos terrestres, podendo abranger tanto frutos carnosos como frutos indeiscentes com polpa seca. No entanto, para a maioria das espécies, é necessário remover os frutos diretamente da planta matriz, de alturas que variam de 2 m a mais de 30 m. No caso de árvores de sub-bosque ou pioneiras, que apresentam menor porte, a coleta pode ser realizada com uma tesoura de poda ou com um podão de pequeno porte. O podão consiste em uma vara, que pode ser de bambu, fibra de vidro, alumínio ou outros materiais, na qual se encaixa uma tesoura de poda alta em uma das extremidades, que é acionada pelo operador ao nível do solo por meio de uma corda. Para a maioria das árvores, é necessário dispor de um podão de maior porte, para que se acessem frutos localizados a cerca de 10 m de altura. No entanto, para árvores emergentes, que podem ultrapassar 30 m de altura, é preciso primeiramente escalar a árvore para que depois o coletor, já situado na copa da árvore, possa utilizar o podão para realizar a coleta (Fig. I.6). Em todos esses casos, é altamente recomendável que se forre o chão sob a copa da árvore com uma lona plástica ou tela sombreadora para facilitar o recolhimento dos frutos e/ou sementes derrubados com o uso do podão.

Fig. I.6 *Principais modalidades de coleta de sementes de árvores nativas*

Em todas as modalidades de coleta descritas, é essencial o uso de equipamentos de proteção para prevenir acidentes pessoais. Isso porque existem diversos riscos associados à atividade, como acidentes com animais peçonhentos (cobras, escorpiões, taturanas etc.), acidentes com plantas com espinhos, folhas urticantes e que podem causar crises alérgicas, e riscos de arranhões na pele e de perfuração nos olhos devido a extremidades pontiagudas, como ramos quebrados e espinhos. Para se proteger desses riscos, a equipe deve trajar sempre botinas com biqueira de aço ou botas de borracha para locais úmidos, capacetes, luvas de couro, perneiras, camiseta de manga longa e calça comprida. Quando a coleta é realizada com escalada, os riscos são evidentemente ainda maiores, justificando uma maior atenção na checagem dos equipamentos de proteção individual e de escalada (Fig. I.7). Por questões de segurança, a coleta de sementes deve ser sempre realizada pelo menos por duas pessoas, para que uma possa socorrer a outra no caso de acidentes.

Fig. I.7 *(A) Escalada com os devidos equipamentos de proteção individual e equipamentos de (B) rapel, (C) escalada e (D) coleta*

Beneficiamento e armazenamento de sementes

A técnica de beneficiamento de sementes será essencialmente determinada pelo tipo de fruto e semente, imitando-se os processos naturais de dispersão (Fig. I.8). Para os frutos secos deiscentes, a primeira etapa do beneficiamento consiste na abertura dos frutos para expor as sementes, para que sejam então extraídas dos frutos e processadas.

Fig. I.8 *Modalidades de beneficiamento associadas aos diferentes tipos de fruto e sementes*

	Abertura de frutos	Extração de sementes
Fruto seco — indeiscente	**Polpa interna** Manual por impacto ou com materiais cortantes	Extração manual ou com peneiras, com ou sem uso do vento
	Polpa externa Manual por impacto ou com materiais cortantes	Extração manual
	Frutos Alados Manualmente ou com batedor elétrico, apenas quando necessário	Extração manual ou com peneiras, com ou sem uso do vento
Fruto carnoso	Manualmente com materiais cortantes ou esfregando os frutos	Extração manual ou com peneiras, em água corrente

Fig. I.8 *Modalidades de beneficiamento associadas aos diferentes tipos de fruto e sementes (cont.)*

No caso de frutos secos com sementes lisas ou com estruturas que permitem a dispersão pelo vento, a abertura dos frutos é normalmente realizada pela secagem ao sol ou em estufa, com a devida proteção para que as sementes não se espalhem pela área, como pode ocorrer no caso de frutos com deiscência explosiva ou de sementes pequenas dispersas pelo vento. Uma vez que eles se encontrem abertos, as sementes podem ser extraídas esfregando-se os frutos em uma peneira, colocando-os em um saco e dando pancadas com um pedaço de madeira, ou simplesmente batendo-os contra a superfície para que as sementes se desprendam. Já para os frutos secos deiscentes com sementes com arilo, deve-se ter o cuidado de secar à sombra os frutos de espécies com sementes recalcitrantes, muito comuns nesse tipo de fruto. Após a abertura dos frutos, as sementes devem ser desprendidas manualmente deles e o arilo deve ser removido, de forma similar à remoção da polpa em frutos carnosos. A remoção tanto do arilo das sementes como da polpa dos frutos é normalmente realizada pela imersão em água por cerca de algumas horas para amolecer a polpa/arilo, seguida pelo esfregaço em peneira na presença de água corrente.

Para frutos secos indeiscentes com sementes aladas, pode não ser necessária qualquer ação de beneficiamento, uma vez que a maioria desses frutos pode ser diretamente semeada sem que a semente seja extraída, tal como ocorre na natureza. No entanto, pode ser conveniente remover as asas dos frutos com uma tesoura de poda ou friccionando os frutos uns nos outros em uma peneira e, assim, reduzir o volume do material a ser armazenado. No caso de frutos indeiscentes com polpa seca interna, os frutos devem ser quebrados para remover a polpa contendo as sementes, que posteriormente deverão ser extraídas usando-se os mesmos procedimentos adotados no caso de frutos carnosos e sementes com arilo. Já quando a polpa é externa, é comum a semeadura dos frutos inteiros ou a extração manual das sementes do interior dos frutos. Cabe ressaltar que, embora essas recomendações gerais possam ser utilizadas como ponto de partida para simplificar o beneficiamento de uma grande diversidade de espécies arbóreas nativas, cada espécie pode apresentar requerimentos específicos, como exemplificado para algumas espécies deste guia, devendo-se atentar para essas particularidades para tornar o processo mais eficiente.

Depois que as sementes ortodoxas e intermediárias já foram devidamente extraídas dos frutos e processadas, elas ainda podem ter que passar por um processo de secagem para que sejam armazenadas com segurança. Caso as sementes desses tipos sejam utilizadas para a semeadura logo após o beneficiamento, sem permanecer armazenadas, a secagem se faz desnecessária. Conforme já comentado, as sementes recalcitrantes são intolerantes à secagem, inviabilizando o seu armazenamento, ao passo que as sementes intermediárias são pouco tolerantes, devendo-se realizar a secagem em sombra para evitar a sua dessecação excessiva. No geral, a secagem de sementes é realizada em viveiros florestais pela sua exposição ao sol ou em estufa, podendo também ser feita em condições de sombra quando a umidade do ar está baixa, e a temperatura, elevada (Fig. I.9).

Fig. I.9 *Secagem de sementes florestais (A) ao sol e (B) à sombra*

Uma vez que as sementes já estão secas, elas podem ser mantidas em câmara de armazenamento até que sejam utilizadas no viveiro ou comercializadas. O método mais utilizado para espécies com sementes ortodoxas é a estocagem em câmara fria e seca, com temperatura média em torno de 12 °C e umidade relativa do ar próxima de 45% (Fig. I.10).

O tempo de armazenamento varia em função das condições em que as sementes são mantidas, das características biológicas da espécie e da qualidade inicial do lote de sementes. Em condições favoráveis de armazenamento e para lotes de sementes com qualidade inicial satisfatória, a viabilidade das sementes armazenadas é de algumas semanas a poucos meses para as recalcitrantes, ao passo que para sementes intermediárias esse período se estende para alguns meses e, para sementes ortodoxas, o tempo de armazenamento pode ser de vários anos. Recomenda-se a realização de testes de germinação periódicos para aferir a viabilidade das sementes armazenadas, devendo-se suspender o armazenamento e utilizar as sementes quando se começar a observar um declínio mais acentuado nas taxas de germinação.

Fig. I.10 *Armazenamento de sementes em câmara fria e seca*

Semeadura e transplante

A semeadura deve ser sempre realizada com sementes de boa qualidade fisiológica, de forma a uniformizar a germinação no tempo e garantir a produção do número desejado de plântulas para o processo posterior de produção de mudas. Nesse contexto, faz-se necessária a superação da dormência das sementes para que elas possam expressar seu máximo potencial fisiológico. A técnica utilizada para a superação da dormência varia em função do tipo de dormência apresentado – física ou fisiológica –, conforme já mencionado. A dormência física é superada pela escarificação do tegumento das sementes, podendo esta ser química, por imersão das sementes em solução de ácido sulfúrico por determinados períodos (método usado principalmente para sementes pequenas), ou mecânica, possível por meio da raspagem da semente em uma superfície áspera (lixa, esmeril, concreto etc.) para desgastar o tegumento ou pela realização de pequenos cortes na semente para permitir a entrada de água.

É comum também a imersão de sementes com tegumento impermeável em água fervendo, para que este se dilate e cause com isso microfissuras que permitirão a absorção de água pela semente (Fig. I.11). A dormência fisiológica é normalmente superada em espécies nativas por meio da imersão das sementes em uma solução com ácido giberélico, que acelera a germinação, mas, como não se dispõe de recomendações técnicas de concentração de ácido e tempo de imersão para a maioria das espécies nativas, costuma-se semear as sementes com dormência fisiológica sem qualquer tratamento e esperar um período superior até que a emergência de plântulas se inicie.

Fig. I.11 *Tipos de dormência e estratégias para sua superação*

Uma vez que a dormência já foi superada ou quando a espécie não possui sementes dormentes, passa-se à fase de semeadura. A semeadura pode ser feita diretamente no recipiente (preferida em lotes de sementes de boa qualidade fisiológica, já com a dormência superada e de espécies com sementes com tamanho pequeno a moderado) e de forma indireta, sendo primeiramente realizada em canteiros de areia grossa, denominados *berço* ou *alfobre*, para que as plântulas sejam posteriormente transplantadas para os recipientes definitivos de crescimento (Fig. I.12). A porcentagem de germinação esperada e o tempo para que a emergência de plântulas se inicie são altamente variáveis entre as espécies, mas também são fortemente influenciados pela qualidade do lote de sementes, eficiência na superação da dormência e condições de semeadura (disponibilidade de água e luz, aeração do substrato, ocorrência de pragas e doenças).

Semeadura em alfobre e transplante

Semeadura direta em recipientes

Fig. I.12 *Etapas da semeadura direta e indireta*

Após a emergência, as plântulas devem ser transferidas o mais rápido possível para os recipientes em que as mudas serão produzidas, de forma a minimizar o estresse do transplante. No entanto, mesmo que o transplante seja realizado na época correta, algumas espécies são muito prejudicadas por essa operação. Embora os mecanismos associados à tolerância ao transplante sejam ainda pouco conhecidos, observa-se na prática que as espécies de Cerrado e Cerradão são as mais sensíveis ao transplante de plântulas. Isso porque as plântulas dessas espécies tendem a apresentar rápido crescimento radicular, e mesmo plântulas bem pequenas e com poucas folhas podem apresentar raízes profundas. Em função disso, o transplante causa, invariavelmente, injúrias severas ao sistema radicular dessas espécies, fazendo com que tenham que ser semeadas diretamente no recipiente de produção ou, no caso de espécies com tolerância intermediária, que o transplante ocorra o mais cedo possível.

Pragas e doenças

Como os viveiros produtores de espécies nativas normalmente produzem várias espécies ao mesmo tempo, a densidade de mudas por espécie no viveiro tende a ser baixa, o que desfavorece o surgimento e a proliferação de pragas e doenças que comprometam a produção. No entanto, algumas espécies em particular são afetadas por pragas, como besouros desfolhadores, broca-do-caule, ácaros e pulgões, e outras são afetadas por doenças, como seca de ponteira, ferrugem e manchas foliares (Fig. I.13).

Muitos desses problemas podem ser resolvidos com mudanças no sistema de produção, tais como o aumento do espaçamento das mudas, a modificação da frequência e volume de irrigação, e a realocação do lote de mudas para um local com maior exposição ao sol. No entanto, pode ser necessário em alguns casos o uso de agrotóxicos para o controle de pragas e doenças, devendo-se consultar um engenheiro agrônomo ou florestal para que os produtos e técnicas de aplicação sejam escolhidos.

Qualidade das mudas para expedição

A obtenção de mudas com a qualidade necessária para a expedição e posterior plantio é determinada por diversos fatores associados ao sistema de produção, tais como o recipiente e substrato utilizados, a fertilização e irrigação, o espaçamento das mudas, o controle de pragas e doenças e o tempo de manutenção da muda no viveiro. Embora diferentes técnicas possam ser usadas na produção de mudas de espécies florestais nativas, dadas as restrições e oportunidades de cada caso, é consenso que essas diferentes técnicas devem convergir para a produção de mudas de qualidade. Embora o objetivo deste guia não seja detalhar as diversas técnicas envolvidas na produção de sementes e mudas de espécies florestais nativas e suas variáveis, julgou-se necessário estabelecer padrões de qualidade para as espécies apresentadas, de forma a subsidiar o sucesso no uso dessas mudas.

Mudas de qualidade são mais resistentes aos estresses do campo e, por isso, proporcionam maior sobrevivência e crescimento inicial após o plantio, trazendo grandes benefícios para o desenvolvimento da floresta implantada com essas mudas. No geral, mudas de qualidade devem apresentar: i) sistema radicular íntegro, bem agregado ao substrato e sem mutilações drásticas nas raízes principais; ii) ausência de pragas e doenças que comprometam a viabilidade da muda; iii) ausência de deficiências nutricionais, expressas normalmente na forma de folhas amareladas e com clorose nas margens e nervuras; iv) colo grosso e lignificado, que sustente a muda ereta após o plantio, sem necessidade de tutoramento; e v) altura da parte aérea proporcional ao tamanho do recipiente e ao volume do sistema radicular, com internódios curtos. Por sua vez, mudas de qualidade insatisfatória, resultantes de falhas no sistema de produção ou da manutenção no viveiro por um período muito longo, tendem a apresentar internódios mais compridos, colo mais fino e altura desproporcional ao tamanho do recipiente, fazendo com que as mudas fiquem "arcadas" após o plantio.

Uma forma simplificada de se definir a qualidade de mudas é por meio do diâmetro do colo e da altura. Esses dois indicadores, avaliados em conjunto, permitem estabelecer se a muda é "robusta" ou se está estiolada, com maior proporção de parte aérea em

Pragas

BROCA-DE-RAIZ
Larva de Diptera que se desenvolve nas raízes das mudas

BROCA-DO-PONTEIRO
Larva da mariposa *Hypsipyla grandella Zeller* na extremidade apical das mudas

PULGÃO
Inseto que suga a seiva das plantas (*Macrosiphum* spp.), geralmente em brotações

LAGARTA DESFOLHADORA
Ocorrência de lagarta desfolhadora deixando as bordas das folhas irregulares

BESOURO DESFOLHADOR
Besouros da família Chrysomelidae que deixam as folhas cheias de pequenos buracos e com as bordas comidas

Doenças

FERRUGEM
Doença causada pelo fungo *Puccinia psidii*, muito comum em espécies da família Myrtaceae

PODRIDÃO DAS RAÍZES
Fungos que causam a podridão de raízes (do lado esquerdo, raízes escuras e mortas, e, do lado direito, raízes sadias)

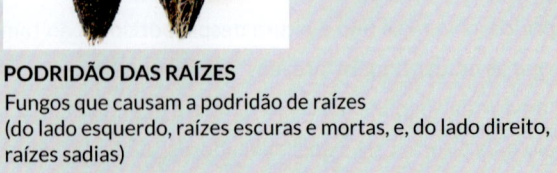

RAÍZES DOENTES

RAÍZES SADIAS

Fig. I.13 *Exemplos de pragas e doenças que atacam mudas de espécies arbóreas nativas em viveiros*

Doenças

TOMBAMENTO DE PLÂNTULAS
Principal doença de sementeira, é causada pelos fungos *Rhizoctonia solani*, *Pythium aphanidermatum*, *Phytophthora citrophthora*, *P. nicotianae* var. *parasitica* ou *Fusarium* spp.

SECA DO PONTEIRO
Morte da extremidade apical das mudas, causada por infecções

Manchas e danos nas folhas

Manchas escuras com pontuações brancas em ipê-branco (*Tabebuia roseoalba*), sintomas parecidos com cercosporiose

Manchas no caule e pecíolo

Manchas em ipê-amarelo (*Handroanthus* spp.) causadas pelo fungo *Apiosphaeria guaranitica* e em ipê-roxo (*Handroanthus* spp.) causadas pelo fungo *Ateromidium tabebuiae*

Incidência de oídio (*Oidium* spp.), doença com sintomas com as mesmas características ao aparecimento de mofo branco nas folhas

Fig. I.13 *Exemplos de pragas e doenças que atacam mudas de espécies arbóreas nativas em viveiros (cont.)*

relação às raízes (Fig. I.14). Tais medidas devem ser compatíveis com as características de cada espécie e com o tamanho do recipiente. Os valores de referência apresentados neste guia são aplicados para mudas produzidas em tubetes de 290 cm³. Em condições adequadas de cultivo, esses valores são obtidos em um período de três a cinco meses, dependendo da espécie e da estação de crescimento (período frio ou quente, em regiões de clima estacional).

Fig. I.14 *Exemplos de mudas (A) dentro e (B) fora de padrões de qualidade, definidos com base no diâmetro de colo e altura das mudas*

Espécies

Astronium graveolens Jacq.

ANACARDIACEAE
Guaritá

Produção de sementes e mudas

COLETA DE SEMENTES
Período: setembro a novembro.
Técnica: coleta dos frutos de coloração marrom-escura e já secos direto da árvore, com podão, quando outros frutos da árvore já tiverem começado a cair. Outra opção, mais recomendada, é forrar o chão ao redor da árvore com uma lona e balançar os galhos no horário mais quente do dia, desde que não esteja ventando, para que as sementes sejam recolhidas.
Altura média das matrizes: 10 a 15 m.

BENEFICIAMENTO
Técnica: secar os frutos ao sol e esfregá-los em peneira para remoção das asas.

Secagem: tolerante.
Armazenamento: > 1 ano.

SEMEADURA
Quebra de dormência: desnecessária.
Germinação esperada: 80% a 100%.
Tempo para emergência: < 15 dias.

PRODUÇÃO DE MUDAS
Tolerância à repicagem: alta.
Pragas e doenças: mancha nas folhas.
Tempo de produção: 3 a 4 meses; *altura:* 20 a 30 cm; *diâmetro do colo:* > 3 mm.

Fruto: seco indeiscente, alado, dispersão anemocórica.

Semente: ortodoxa, sem dormência, 34.330 sementes/kg.

Face superior

Face inferior

0 1 2 3 cm

DETALHES MORFOLÓGICOS

Borda serreada. Folha com cheiro de manga verde quando amassada

Lithraea molleoides
(Vell.) Engl.

ANACARDIACEAE
Aroeira-brava

Produção de sementes e mudas

COLETA DE SEMENTES
Período: outubro a dezembro.
Técnica: coleta dos frutos de coloração branca direto da árvore, com podão.
CUIDADO: algumas pessoas podem apresentar alergia a essa espécie durante a coleta e manuseio de frutos e folhas.
Altura média das matrizes: 5 a 10 m.

BENEFICIAMENTO
Técnica: esfregar os frutos em peneira sob água corrente para a remoção da polpa e separação das sementes.
Secagem: tolerante.
Armazenamento: > 1 ano.

SEMEADURA
Quebra de dormência: desnecessária.
Germinação esperada: 40% a 60%.
Tempo para emergência: < 15 dias.

PRODUÇÃO DE MUDAS
Tolerância à repicagem: baixa.
Pragas e doenças: nada em particular.
Tempo de produção: 3 a 4 meses; *altura:* 20 a 30 cm; *diâmetro do colo:* > 3 mm.

Fruto: carnoso, dispersão zoocórica.

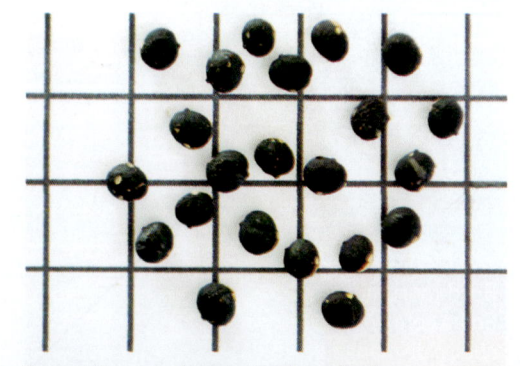

Semente: ortodoxa, sem dormência, 25.400 sementes/kg.

Face superior

Face inferior

0 1 2 3 cm

DETALHES MORFOLÓGICOS

Raque estreitamente alada

Myracrodruon urundeuva Allemão

ANACARDIACEAE
Aroeira-preta

Produção de sementes e mudas

COLETA DE SEMENTES
Período: agosto a outubro.
Técnica: coleta dos frutos de coloração marrom-escura direto da árvore, com podão, quando outros frutos da árvore já tiverem começado a cair.
Altura média das matrizes: 10 a 15 m.

BENEFICIAMENTO
Técnica: secar os frutos ao sol e esfregá-los em peneira para remoção das asas.
Secagem: tolerante.
Armazenamento: > 1 ano.

SEMEADURA
Quebra de dormência: desnecessária.
Germinação esperada: 80% a 100%.
Tempo para emergência: < 15 dias.

PRODUÇÃO DE MUDAS
Tolerância à repicagem: baixa.
Pragas e doenças: mancha nas folhas.
Tempo de produção: 3 a 4 meses; *altura:* 20 a 30 cm; *diâmetro do colo:* > 2 mm.

Fruto: seco indeiscente, alado, dispersão anemocórica.

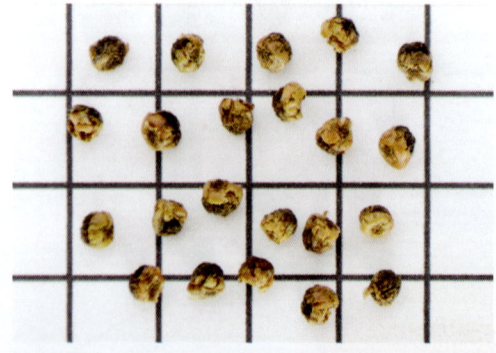

Semente: ortodoxa, sem dormência, 65.470 sementes/kg.

Face superior　　　　　　　　　　　　　　　　　　　　　　　　　　Face inferior

0　1　2　3 cm

DETALHES MORFOLÓGICOS

Bordo levemente serreado, folhas pilosas

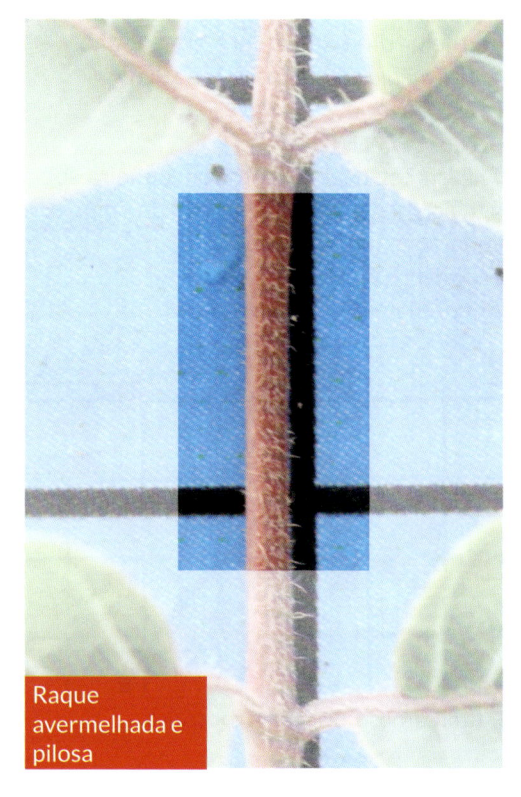

Raque avermelhada e pilosa

Schinus terebinthifolius Raddi

ANACARDIACEAE
Aroeira-pimenteira

Produção de sementes e mudas

COLETA DE SEMENTES
Período: março a maio.
Técnica: coleta dos frutos de coloração vermelha direto da árvore, com podão.
Altura média das matrizes: 5 a 10 m.

BENEFICIAMENTO
Técnica: esfregar os frutos em peneira sob água corrente para a remoção da polpa e separação das sementes.
Secagem: tolerante.
Armazenamento: > 1 ano.

SEMEADURA
Quebra de dormência: desnecessária.
Germinação esperada: 80% a 100%.
Tempo para emergência: < 15 dias.

PRODUÇÃO DE MUDAS
Tolerância à repicagem: alta.
Pragas e doenças: nada em particular.
Tempo de produção: 3 a 4 meses; *altura:* 20 a 40 cm; *diâmetro do colo:* > 3 mm.

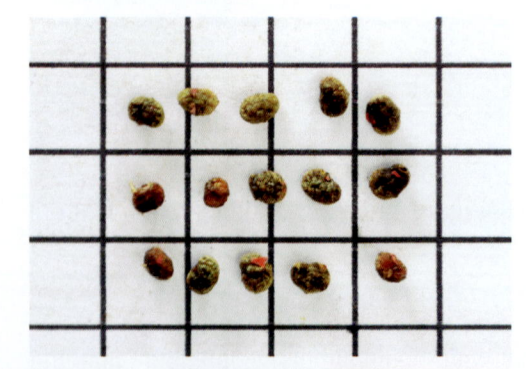

Fruto: carnoso, dispersão zoocórica.

Semente: ortodoxa, sem dormência, 85.990 sementes/kg.

Face superior

Face inferior

0 1 2 3 cm

DETALHES MORFOLÓGICOS

Pecíolos avermelhados

Folíolos serreados

Tapirira guianensis
Aubl.

ANACARDIACEAE
Peito-de-pomba

Produção de sementes e mudas

COLETA DE SEMENTES
Período: fevereiro a abril.
Técnica: coleta dos frutos de coloração roxo-escura direto da árvore, com podão.
Altura média das matrizes: 5 a 10 m.

BENEFICIAMENTO
Técnica: esfregar os frutos em peneira sob água corrente para a remoção da polpa e separação das sementes.
Secagem: intolerante.
Armazenamento: < 1 semana.

SEMEADURA
Quebra de dormência: desnecessária.
Germinação esperada: 80% a 100%.
Tempo para emergência: < 15 dias.

PRODUÇÃO DE MUDAS
Tolerância à repicagem: alta.
Pragas e doenças: nada em particular.
Tempo de produção: 3 a 4 meses; *altura:* 20 a 30 cm; *diâmetro do colo:* > 3 mm.

Fruto: carnoso, dispersão zoocórica.

Semente: recalcitrante, sem dormência, 20.200 sementes/kg.

Face superior   Face inferior

0 1 2 3 cm

DETALHES MORFOLÓGICOS

Folíolo terminal voltado para cima

Annona cacans
Warm.

ANNONACEAE
Araticum-cagão

Produção de sementes e mudas

COLETA DE SEMENTES
Período: fevereiro a abril.
Técnica: coleta dos frutos de coloração amarelada e de consistência já mole, com odor intenso, direto da árvore, com podão.
Altura média das matrizes: 10 a 15 m.

BENEFICIAMENTO
Técnica: esfregar os frutos em peneira sob água corrente para a remoção da polpa e separação das sementes.
Secagem: pouco tolerante.
Armazenamento: < 6 meses.

SEMEADURA
Quebra de dormência: desnecessária.
Germinação esperada: 20% a 40%.
Tempo para emergência: 45 a 60 dias.

PRODUÇÃO DE MUDAS
Tolerância à repicagem: média.
Pragas e doenças: nada em particular.
Tempo de produção: 4 a 6 meses; *altura:* 15 a 20 cm; *diâmetro do colo:* > 3 mm.

Fruto: carnoso, dispersão zoocórica.

Semente: intermediária, dormência fisiológica, 5.100 sementes/kg.

Face superior

Face inferior

0　1　2　3 cm

DETALHES MORFOLÓGICOS

Nervuras principal e secundárias amareladas na face inferior da folha

Duguetia lanceolata
A. St.-Hil.

ANNONACEAE
Pindaíva

Produção de sementes e mudas

COLETA DE SEMENTES
Período: março a maio.
Técnica: coleta dos frutos de coloração vermelha direto da árvore, com podão.
Altura média das matrizes: 5 a 10 m.

BENEFICIAMENTO
Técnica: remover manualmente a polpa que envolve as sementes.
Secagem: pouco tolerante.
Armazenamento: < 6 meses.

SEMEADURA
Quebra de dormência: desnecessária.
Germinação esperada: < 20%.
Tempo para emergência: 30 a 45 dias.

PRODUÇÃO DE MUDAS
Tolerância à repicagem: média.
Pragas e doenças: nada em particular.
Tempo de produção: 4 a 5 meses; *altura:* 20 a 30 cm; *diâmetro do colo:* > 3 mm.

Fruto: carnoso, dispersão zoocórica.

Semente: intermediária, sem dormência, 1.500 sementes/kg.

Face superior Face inferior

0　1　2　3 cm

DETALHES MORFOLÓGICOS

Nervura central amarela na face inferior da folha

Pontuações brancas na face inferior da folha

Guatteria australis
A. St.-Hil.

ANNONACEAE
Pindaíva-preta

Produção de sementes e mudas

COLETA DE SEMENTES
Período: janeiro a março.
Técnica: coleta dos frutos de coloração preta direto da árvore, com podão.
Altura média das matrizes: 5 a 10 m.

BENEFICIAMENTO
Técnica: esfregar os frutos em peneira sob água corrente para a remoção da polpa e separação das sementes.
Secagem: intolerante.
Armazenamento: < 1 mês.

SEMEADURA
Quebra de dormência: desnecessária.
Germinação esperada: 60% a 80%.
Tempo para emergência: 15 a 30 dias.

PRODUÇÃO DE MUDAS
Tolerância à repicagem: média.
Pragas e doenças: nada em particular.
Tempo de produção: 4 a 5 meses; *altura:* 20 a 30 cm; *diâmetro do colo:* > 3 mm.

Fruto: carnoso, dispersão zoocórica.

Semente: recalcitrante, sem dormência, 23.000 sementes/kg.

Face superior Face inferior

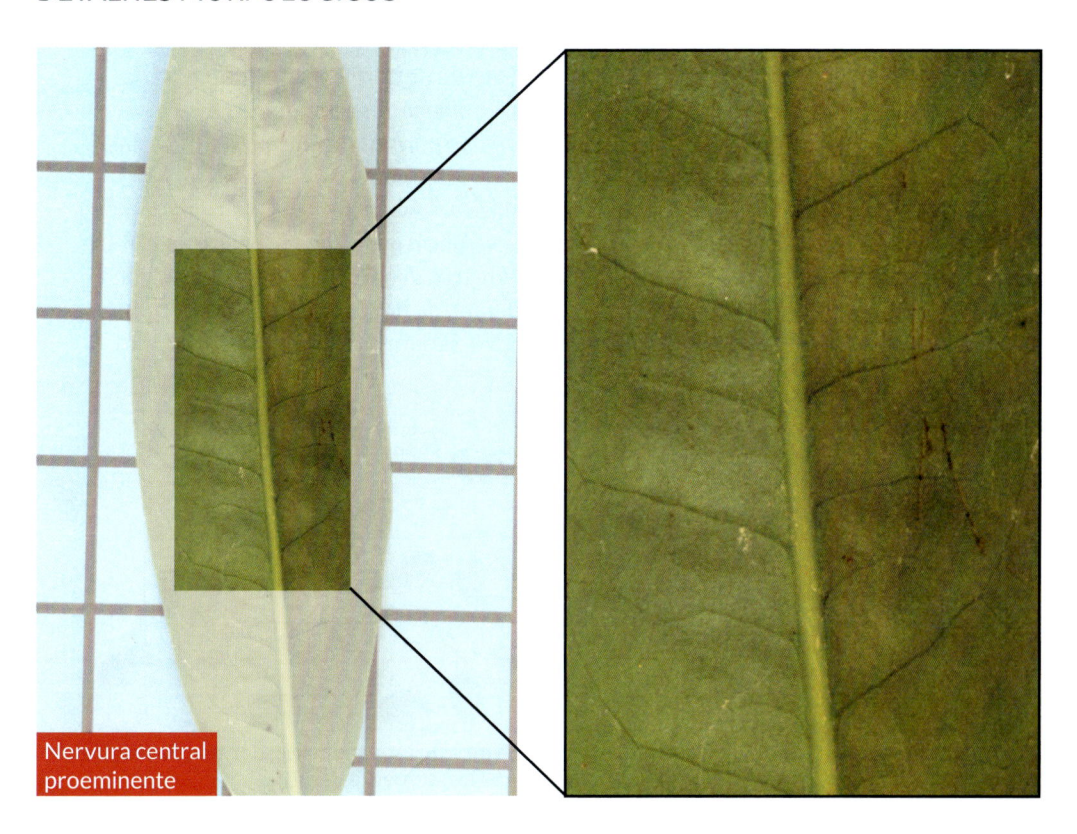

0 1 2 3 cm

DETALHES MORFOLÓGICOS

Nervura central proeminente

Xylopia aromatica
(Lam.) Mart.

ANNONACEAE
Pimenta-de-macaco

Produção de sementes e mudas

COLETA DE SEMENTES
Período: janeiro a março.
Técnica: coleta dos frutos de coloração amarela e ainda fechados direto da árvore, com podão, quando outros frutos da árvore já tiverem começado a se abrir.
Altura média das matrizes: 5 a 10 m.

BENEFICIAMENTO
Técnica: secar os frutos à sombra até se abrirem espontaneamente, separar as sementes manualmente e esfregá-las em peneira sob água corrente para remoção do arilo.

Secagem: pouco tolerante.
Armazenamento: < 3 meses.

SEMEADURA
Quebra de dormência: desnecessária.
Germinação esperada: < 20%.
Tempo para emergência: 90 a 120 dias.

PRODUÇÃO DE MUDAS
Tolerância à repicagem: baixa.
Pragas e doenças: nada em particular.
Tempo de produção: 7 a 8 meses; *altura:* 15 a 30 cm; *diâmetro do colo:* > 3 mm.

Fruto: seco deiscente, semente com arilo, dispersão zoocórica.

Semente: intermediária, dormência fisiológica, 15.000 sementes/kg.

Face superior   Face inferior

0   1   2   3 cm

DETALHES MORFOLÓGICOS

Folhas discolores, coriáceas

Aspidosperma australe
Müll. Arg.

APOCYNACEAE
Tambu-verde

Produção de sementes e mudas

COLETA DE SEMENTES
Período: julho a setembro.
Técnica: coleta dos frutos de coloração verde e ainda fechados direto da árvore, com podão, quando outros frutos da árvore já tiverem começado a se abrir.
Altura média das matrizes: 5 a 10 m.

BENEFICIAMENTO
Técnica: secar os frutos ao sol até abertura espontânea e liberação das sementes, que são separadas dos frutos manualmente, com auxílio de peneira.

Secagem: tolerante.
Armazenamento: < 1 ano.

SEMEADURA
Quebra de dormência: desnecessária.
Germinação esperada: 60% a 80%.
Tempo para emergência: < 15 dias.

PRODUÇÃO DE MUDAS
Tolerância à repicagem: baixa.
Pragas e doenças: nada em particular.
Tempo de produção: 3 a 4 meses; *altura:* 15 a 30 cm; *diâmetro do colo:* > 3 mm.

Fruto: seco deiscente, semente alada, dispersão anemocórica.

Semente: ortodoxa, sem dormência, 6.000 sementes/kg.

Face superior

Face inferior

0   1   2   3 cm

DETALHES MORFOLÓGICOS

Lenticelas nos ramos

Látex

Face inferior da folha esbranquiçada

Aspidosperma cylindrocarpon Müll. Arg.

APOCYNACEAE
Peroba-poca

Produção de sementes e mudas

COLETA DE SEMENTES
Período: julho a setembro.
Técnica: coleta dos frutos de coloração verde e ainda fechados direto da árvore, com podão, quando outros frutos da árvore já tiverem começado a se abrir.
Altura média das matrizes: 10 a 15 m.

BENEFICIAMENTO
Técnica: secar os frutos ao sol até abertura espontânea e liberação das sementes, que são separadas dos frutos manualmente, com auxílio de peneira.

Secagem: tolerante.
Armazenamento: < 1 ano.

SEMEADURA
Quebra de dormência: desnecessária.
Germinação esperada: 80% a 100%.
Tempo para emergência: 15 a 30 dias.

PRODUÇÃO DE MUDAS
Tolerância à repicagem: média.
Pragas e doenças: nada em particular.
Tempo de produção: 4 a 5 meses; *altura:* 20 a 30 cm; *diâmetro do colo:* > 3 mm.

Fruto: seco deiscente, semente alada, dispersão anemocórica.

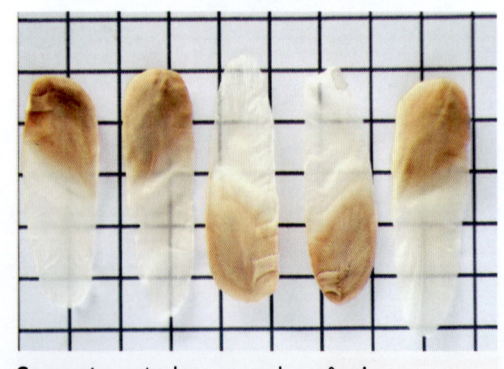

Semente: ortodoxa, sem dormência, 5.980 sementes/kg.

Face superior

Face inferior

0　1　2　3 cm

DETALHES MORFOLÓGICOS

Muitas nervuras secundárias paralelas na face inferior do limbo

Aspidosperma parvifolium
A. DC.

APOCYNACEAE
Guatambu-oliva

Produção de sementes e mudas

COLETA DE SEMENTES
Período: julho a setembro.
Técnica: coleta dos frutos de coloração marrom e ainda fechados direto da árvore, com podão, quando outros frutos da árvore já tiverem começado a se abrir.
Altura média das matrizes: 5 a 10 m.

BENEFICIAMENTO
Técnica: secar os frutos ao sol até abertura espontânea e liberação das sementes, que são separadas dos frutos manualmente, com auxílio de peneira.

Secagem: tolerante.
Armazenamento: < 1 ano.

SEMEADURA
Quebra de dormência: desnecessária.
Germinação esperada: 60% a 80%.
Tempo para emergência: < 15 dias.

PRODUÇÃO DE MUDAS
Tolerância à repicagem: média.
Pragas e doenças: nada em particular.
Tempo de produção: 3 a 4 meses; *altura:* 15 a 30 cm; *diâmetro do colo:* > 4 mm.

Fruto: seco deiscente, semente alada, dispersão anemocórica.

Semente: ortodoxa, sem dormência, 5.500 sementes/kg.

Face superior

Face inferior

0   1   2   3 cm

DETALHES MORFOLÓGICOS

Caule marrom-
-escuro, com
lenticelas
brancas

Nervuras
secundárias
paralelas

Aspidosperma polyneuron
Müll. Arg.

APOCYNACEAE
Peroba-rosa

Produção de sementes e mudas

COLETA DE SEMENTES
Período: julho a setembro.
Técnica: coleta dos frutos de coloração verde e ainda fechados direto da árvore, com podão, quando outros frutos da árvore já tiverem começado a se abrir.
Altura média das matrizes: > 25 m.

BENEFICIAMENTO
Técnica: secar os frutos ao sol até abertura espontânea e liberação das sementes, que são separadas dos frutos manualmente, com auxílio de peneira.

Secagem: tolerante.
Armazenamento: < 1 ano.

SEMEADURA
Quebra de dormência: desnecessária.
Germinação esperada: 80% a 100%.
Tempo para emergência: < 15 dias.

PRODUÇÃO DE MUDAS
Tolerância à repicagem: baixa.
Pragas e doenças: nada em particular.
Tempo de produção: 4 a 5 meses; *altura:* 20 a 30 cm; *diâmetro do colo:* > 3 mm.

Fruto: seco deiscente, semente alada, dispersão anemocórica.

Semente: ortodoxa, sem dormência, 12.600 sementes/kg.

Face superior

Face inferior

0 1 2 3 cm

DETALHES MORFOLÓGICOS

Lenticelas no ramo

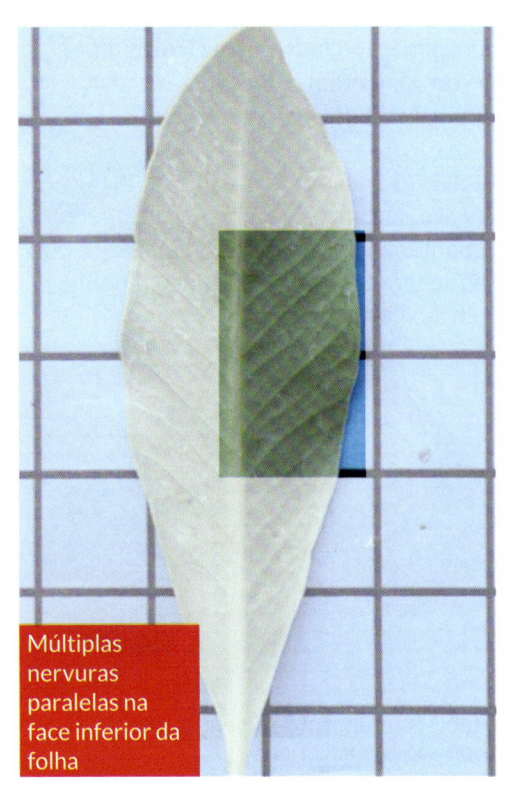

Múltiplas nervuras paralelas na face inferior da folha

Aspidosperma ramiflorum
Müll. Arg.

APOCYNACEAE
Guatambu-amarelo

Produção de sementes e mudas

COLETA DE SEMENTES
Período: junho a agosto.
Técnica: coleta dos frutos de coloração verde e ainda fechados direto da árvore, com podão, quando outros frutos da árvore já tiverem começado a se abrir.
Altura média das matrizes: > 25 m.

BENEFICIAMENTO
Técnica: secar os frutos ao sol até abertura espontânea e liberação das sementes, que são separadas dos frutos manualmente, com auxílio de peneira.

Secagem: tolerante.
Armazenamento: < 1 ano.

SEMEADURA
Quebra de dormência: desnecessária.
Germinação esperada: 60% a 80%.
Tempo para emergência: 15 a 30 dias.

PRODUÇÃO DE MUDAS
Tolerância à repicagem: alta.
Pragas e doenças: nada em particular.
Tempo de produção: 3 a 4 meses; *altura:* 15 a 20 cm; *diâmetro do colo:* > 3 mm.

Fruto: seco deiscente, semente alada, dispersão anemocórica.

Semente: ortodoxa, sem dormência, 2.600 sementes/kg.

Face superior

Face inferior

0 1 2 3 cm

DETALHES MORFOLÓGICOS

Látex

Lenticelas

Ramos marrom-
-escuros,
destacando-se
das folhas

Tabernaemontana catharinensis
A. DC.

APOCYNACEAE
Leiteiro

Produção de sementes e mudas

COLETA DE SEMENTES
Período: abril a junho.
Técnica: coleta dos frutos de coloração amarela e ainda fechados direto da árvore, com podão, quando outros frutos da árvore já tiverem começado a se abrir.
Altura média das matrizes: < 5 m.

BENEFICIAMENTO
Técnica: secar os frutos à sombra até se abrirem espontaneamente, separar as sementes manualmente e esfregá-las em peneira sob água corrente para remoção do arilo.

Secagem: intolerante.
Armazenamento: > 1 ano.

SEMEADURA
Quebra de dormência: desnecessária.
Germinação esperada: 60% a 80%.
Tempo para emergência: 15 a 30 dias.

PRODUÇÃO DE MUDAS
Tolerância à repicagem: média.
Pragas e doenças: inseto desfolhador.
Tempo de produção: 3 a 4 meses; *altura:* 15 a 20 cm; *diâmetro do colo:* > 2 mm.

Fruto: seco deiscente, semente com arilo, dispersão zoocórica.

Semente: recalcitrante, sem dormência, 39.150 sementes/kg.

Face superior

Face inferior

0 1 2 3 cm

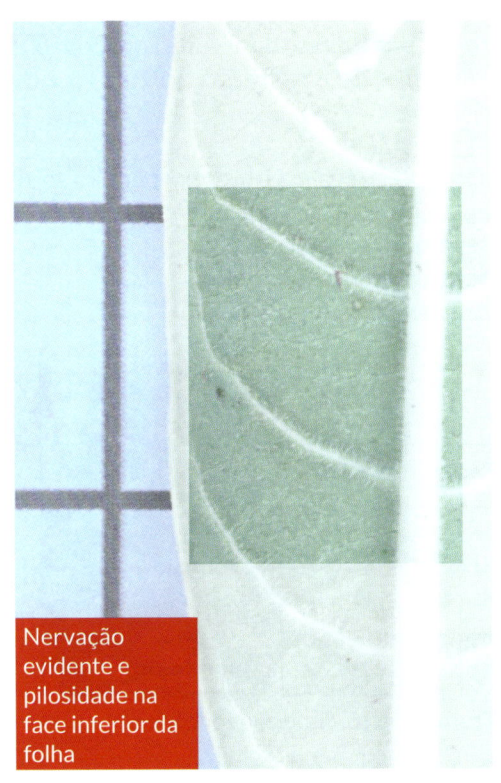

DETALHES MORFOLÓGICOS

Látex branco abundante

Nervação evidente e pilosidade na face inferior da folha

Dendropanax cuneatus
(DC.) Decne. & Planch.

ARALIACEAE
Maria-mole

Produção de sementes e mudas

COLETA DE SEMENTES
Período: setembro a novembro.
Técnica: coleta dos frutos de coloração roxo-escura direto da árvore, com podão.
Altura média das matrizes: 5 a 10 m.

BENEFICIAMENTO
Técnica: esfregar os frutos em peneira sob água corrente para a remoção da polpa e separação das sementes.
Secagem: pouco tolerante.
Armazenamento: < 1 ano.

SEMEADURA
Quebra de dormência: desnecessária.
Germinação esperada: 40% a 60%.
Tempo para emergência: 15 a 30 dias.

PRODUÇÃO DE MUDAS
Tolerância à repicagem: média.
Pragas e doenças: nada em particular.
Tempo de produção: 3 a 4 meses; *altura:* 20 a 30 cm; *diâmetro do colo:* > 3 mm.

Fruto: carnoso, dispersão zoocórica.

Semente: intermediária, sem dormência, 170.000 sementes/kg.

Face superior   Face inferior

0   1   2   3 cm

DETALHES MORFOLÓGICOS

Engrossamento nas duas extremidades do pecíolo

Lenticelas abundantes

Schefflera morototoni
(Aubl.) Maguire et al.

ARALIACEAE
Mandioqueiro

Produção de sementes e mudas

COLETA DE SEMENTES
Período: setembro a novembro.
Técnica: coleta dos frutos de coloração roxo-escura direto da árvore, com podão.
Altura média das matrizes: 15 a 20 m.

BENEFICIAMENTO
Técnica: esfregar os frutos em peneira sob água corrente para a remoção da polpa e separação das sementes.
Secagem: tolerante.
Armazenamento: < 6 meses.

SEMEADURA
Quebra de dormência: desnecessária.
Germinação esperada: 20% a 40%.
Tempo para emergência: 15 a 30 dias.

PRODUÇÃO DE MUDAS
Tolerância à repicagem: média.
Pragas e doenças: nada em particular.
Tempo de produção: 4 a 5 meses; *altura:* 15 a 20 cm; *diâmetro do colo:* > 2 mm.

Fruto: carnoso, dispersão zoocórica.

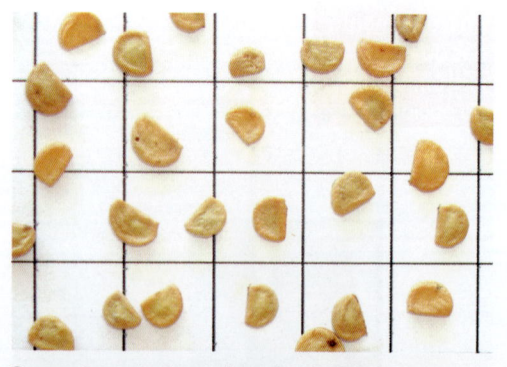

Semente: ortodoxa, dormência fisiológica, 75.000 sementes/kg.

Face superior

Face inferior

0 1 2 3 cm

DETALHES MORFOLÓGICOS

Estípula intrapeciolar

Pilosidade nas folhas

Araucaria angustifolia
(Bertol.) Kuntze

ARAUCARIACEAE
Araucária

Produção de sementes e mudas

COLETA DE SEMENTES
Período: abril a maio.
Técnica: coleta das pinhas de coloração verde direto da árvore, com podão, quando outras pinhas da árvore já tiverem começado a cair.
Altura média das matrizes: > 25 m.

BENEFICIAMENTO
Técnica: secar as pinhas à sombra e remover as sementes manualmente.
Secagem: intolerante.
Armazenamento: < 6 meses.

SEMEADURA
Quebra de dormência: desnecessária.
Germinação esperada: 60% a 80%.
Tempo para emergência: < 15 dias.

PRODUÇÃO DE MUDAS
Tolerância à repicagem: baixa.
Pragas e doenças: nada em particular.
Tempo de produção: 4 a 5 meses; *altura:* 20 a 30 cm; *diâmetro do colo:* > 4 mm.

Pinha seca, dispersão zoocórica.

Semente: recalcitrante, sem dormência, 160 sementes/kg.

Face superior Face inferior

DETALHES MORFOLÓGICOS

Folhas simples e pontiagudas, em formato de escama

Acrocomia aculeata
(Jacq.) Lodd. ex Mart.

ARECACEAE
Macaúva

Produção de sementes e mudas

COLETA DE SEMENTES
Período: janeiro a março.
Técnica: coleta dos cachos inteiros com podão quando seus frutos estiverem com coloração amarela e começarem a cair da palmeira.
Altura média das matrizes: 5 a 10 m.

BENEFICIAMENTO
Técnica: esfregar os frutos em peneira sob água corrente para a remoção da polpa e separação das sementes.
Secagem: tolerante.
Armazenamento: > 1 ano.

SEMEADURA
Quebra de dormência: escarificação mecânica em esmeril e imersão em água por 12 horas.
Germinação esperada: < 20%.
Tempo para emergência: 90 a 120 dias.

PRODUÇÃO DE MUDAS
Tolerância à repicagem: alta.
Pragas e doenças: nada em particular.
Tempo de produção: 6 a 8 meses; *altura:* 15 a 20 cm; *diâmetro do colo:* > 3 mm.

Fruto: carnoso, dispersão zoocórica.

Semente: ortodoxa, tegumento impermeável + dormência fisiológica, 115 sementes/kg.

Face superior

Face inferior

0 1 2 3 cm

DETALHES MORFOLÓGICOS

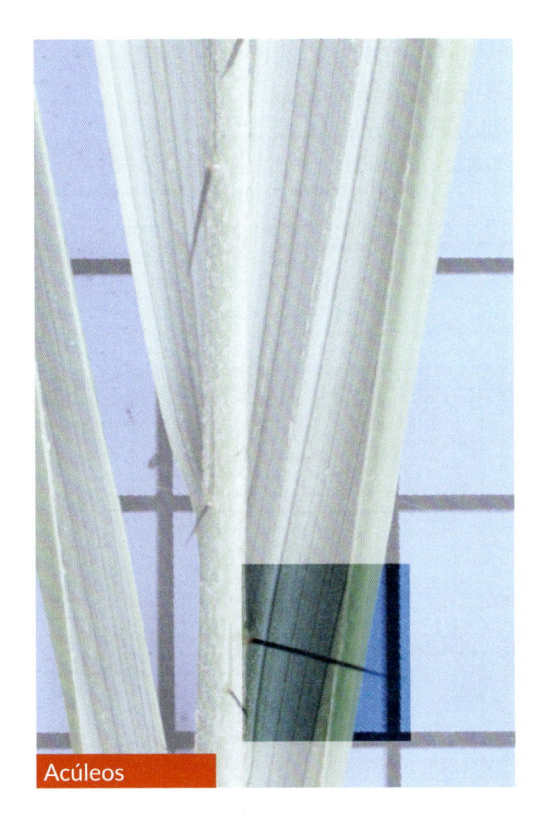

Acúleos

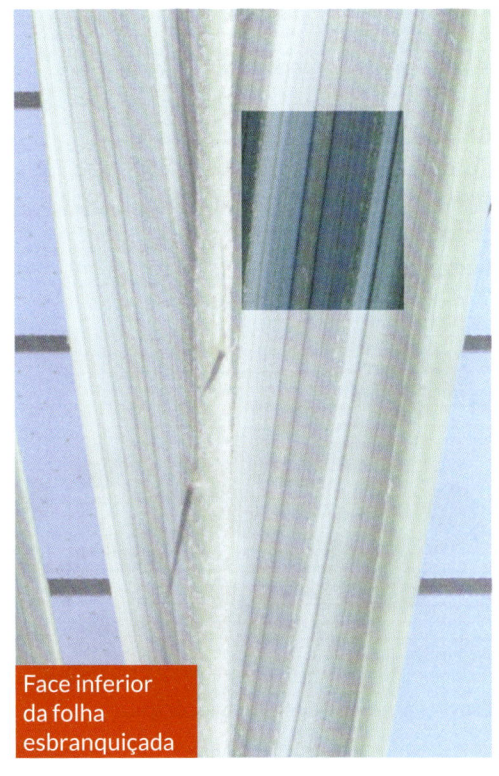

Face inferior da folha esbranquiçada

Euterpe edulis
Mart.

ARECACEAE
Palmito-juçara

Produção de sementes e mudas

COLETA DE SEMENTES
Período: agosto a outubro.
Técnica: coleta dos cachos inteiros com podão quando seus frutos estiverem com coloração roxa.
Altura média das matrizes: 5 a 10 m.

BENEFICIAMENTO
Técnica: esfregar os frutos em peneira sob água corrente para a remoção da polpa e separação das sementes.
Secagem: intolerante.
Armazenamento: < 2 meses.

SEMEADURA
Quebra de dormência: desnecessária.
Germinação esperada: 40% a 60%.
Tempo para emergência: 30 a 45 dias.

PRODUÇÃO DE MUDAS
Tolerância à repicagem: alta.
Pragas e doenças: mancha nas folhas.
Tempo de produção: 4 a 6 meses; *altura:* 15 a 25 cm; *diâmetro do colo:* > 2 mm.

Fruto: carnoso, dispersão zoocórica.

Semente: recalcitrante, sem dormência, 780 sementes/kg.

Face superior   Face inferior

0   1   2   3 cm

DETALHES MORFOLÓGICOS

Folhas jovens em leque

Mauritia flexuosa
L. f.

ARECACEAE
Buriti

Produção de sementes e mudas

COLETA DE SEMENTES
Período: novembro a janeiro.
Técnica: coleta dos cachos inteiros com podão quando seus frutos estiverem com coloração marrom-avermelhada e começarem a cair da palmeira.
Altura média das matrizes: 5 a 10 m.

BENEFICIAMENTO
Técnica: esfregar os frutos em peneira sob água corrente para a remoção da polpa e separação das sementes.
Secagem: intolerante.
Armazenamento: < 1 mês.

SEMEADURA
Quebra de dormência: desnecessária.
Germinação esperada: 40% a 60%.
Tempo para emergência: 90 a 120 dias.

PRODUÇÃO DE MUDAS
Tolerância à repicagem: média.
Pragas e doenças: nada em particular.
Tempo de produção: 6 a 8 meses; *altura:* 20 a 30 cm; *diâmetro do colo:* > 5 mm.

Fruto: carnoso, dispersão zoocórica.

Semente: recalcitrante, dormência fisiológica, 75 sementes/kg.

Face superior								Face inferior

0   1   2   3 cm

DETALHES MORFOLÓGICOS

Folhas em leque, voltadas para cima

Syagrus oleracea (Mart.) Becc.

ARECACEAE
Gueirova

Produção de sementes e mudas

COLETA DE SEMENTES
Período: janeiro a agosto.
Técnica: coleta dos cachos inteiros com podão quando seus frutos estiverem com coloração laranja e começarem a cair da palmeira.
Altura média das matrizes: 5 a 10 m.

BENEFICIAMENTO
Técnica: esfregar os frutos em peneira sob água corrente para a remoção da polpa e separação das sementes.
Secagem: tolerante.
Armazenamento: < 1 ano.

SEMEADURA
Quebra de dormência: desnecessária.
Germinação esperada: 20% a 40%.
Tempo para emergência: 90 a 120 dias.

PRODUÇÃO DE MUDAS
Tolerância à repicagem: média.
Pragas e doenças: nada em particular.
Tempo de produção: 5 a 6 meses; *altura:* 15 a 20 cm; *diâmetro do colo:* > 4 mm.

Fruto: carnoso, dispersão zoocórica.

Semente: ortodoxa, sem dormência, 300 sementes/kg.

Face superior

Face inferior

0　1　2　3 cm

DETALHES MORFOLÓGICOS

Folíolos fundidos nas primeiras folhas

Syagrus romanzoffiana (Cham.) Glassman

ARECACEAE
Jerivá

Produção de sementes e mudas

COLETA DE SEMENTES
Período: janeiro a agosto.
Técnica: coleta dos cachos inteiros com podão quando seus frutos estiverem com coloração laranja e começarem a cair da palmeira.
Altura média das matrizes: 5 a 10 m.

BENEFICIAMENTO
Técnica: esfregar os frutos em peneira sob água corrente para a remoção da polpa e separação das sementes.
Secagem: tolerante.
Armazenamento: < 1 ano.

SEMEADURA
Quebra de dormência: desnecessária.
Germinação esperada: 20% a 40%.
Tempo para emergência: 60 a 75 dias.

PRODUÇÃO DE MUDAS
Tolerância à repicagem: alta.
Pragas e doenças: nada em particular.
Tempo de produção: 5 a 6 meses; *altura:* 15 a 20 cm; *diâmetro do colo:* > 4 mm.

Fruto: carnoso, dispersão zoocórica.

Semente: ortodoxa, sem dormência, 550 sementes/kg.

Face superior

Face inferior

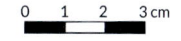

0 1 2 3 cm

DETALHES MORFOLÓGICOS

Folíolos fundidos nas primeiras folhas

Moquiniastrum polymorphum (Less.) Cabrera

ASTERACEAE
Candeia

Produção de sementes e mudas

COLETA DE SEMENTES
Período: janeiro a março.
Técnica: coleta dos frutos de coloração marrom-escura e já secos direto da árvore, com podão, quando outros frutos da árvore já tiverem começado a cair.
Altura média das matrizes: 5 a 10 m.

BENEFICIAMENTO
Técnica: secar os frutos ao sol e esfregá-los em uma peneira para separação das sementes.
Secagem: tolerante.
Armazenamento: > 1 ano.

SEMEADURA
Quebra de dormência: desnecessária.
Germinação esperada: 20% a 40%.
Tempo para emergência: < 15 dias.

PRODUÇÃO DE MUDAS
Tolerância à repicagem: baixa.
Pragas e doenças: nada em particular.
Tempo de produção: 3 a 4 meses; *altura:* 20 a 30 cm; *diâmetro do colo:* > 3 mm.

Fruto: seco indeiscente, alado, dispersão anemocórica.

Semente: ortodoxa, sem dormência, 2.100.000 sementes/kg.

Face superior

Face inferior

0 1 2 3 cm

DETALHES MORFOLÓGICOS

Folhas fortemente discolores, com face superior glabra e verde--escura e face inferior pilosa e esbranquiçada

Bordo serreado, pilosidade esbranquiçada na face inferior da folha

Piptocarpha rotundifolia (Less.) Baker

ASTERACEAE
Infalível

Produção de sementes e mudas

COLETA DE SEMENTES
Período: setembro a novembro.
Técnica: coleta dos frutos de coloração marrom-escura e já secos direto da árvore, com podão, quando outros frutos da árvore já tiverem começado a cair.
Altura média das matrizes: 5 a 10 m.

BENEFICIAMENTO
Técnica: secar os frutos ao sol e esfregá-los em uma peneira para separação das sementes.
Secagem: tolerante.
Armazenamento: < 1 ano.

SEMEADURA
Quebra de dormência: desnecessária.
Germinação esperada: 60% a 80%.
Tempo para emergência: 15 a 30 dias.

PRODUÇÃO DE MUDAS
Tolerância à repicagem: baixa.
Pragas e doenças: nada em particular.
Tempo de produção: 3 a 4 meses; *altura:* 15 a 30 cm; *diâmetro do colo:* > 4 mm.

Fruto: seco indeiscente, alado, dispersão anemocórica.

Semente: ortodoxa, sem dormência, 2.000.000 sementes/kg.

Face superior

Face inferior

0 1 2 3 cm

DETALHES MORFOLÓGICOS

Ramos pilosos

Bordos das folhas serreados, com pilosidade ferrugínea na face inferior

Cybistax antisyphilitica (Mart.) Mart.

BIGNONIACEAE
Caroba-da-flor-verde

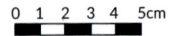

Produção de sementes e mudas

COLETA DE SEMENTES
Período: agosto a outubro.
Técnica: coleta dos frutos de coloração verde e ainda fechados direto da árvore, com podão, quando outros frutos da árvore já tiverem começado a se abrir.
Altura média das matrizes: 5 a 10 m.

BENEFICIAMENTO
Técnica: secar os frutos ao sol até abertura espontânea e liberação das sementes, que são separadas dos frutos manualmente, com auxílio de peneira.

Secagem: tolerante.
Armazenamento: < 1 ano.

SEMEADURA
Quebra de dormência: desnecessária.
Germinação esperada: 80% a 100%.
Tempo para emergência: < 15 dias.

PRODUÇÃO DE MUDAS
Tolerância à repicagem: baixa.
Pragas e doenças: nada em particular.
Tempo de produção: 4 a 5 meses; *altura:* 15 a 20 cm; *diâmetro do colo:* > 3 mm.

Fruto: seco deiscente, semente alada, dispersão anemocórica.

Semente: ortodoxa, sem dormência, 24.800 sementes/kg.

Face superior Face inferior

0 1 2 3 cm

DETALHES MORFOLÓGICOS

Nervura principal bem marcada, bordo liso

Pecíolo sulcado

Handroanthus chrysotrichus (Mart. ex DC.) Mattos

BIGNONIACEAE
Ipê-amarelo-cascudo

Produção de sementes e mudas

COLETA DE SEMENTES
Período: agosto a outubro.
Técnica: coleta dos frutos de coloração verde e ainda fechados direto da árvore, com podão, quando outros frutos da árvore já tiverem começado a se abrir.
Altura média das matrizes: 5 a 10 m.

BENEFICIAMENTO
Técnica: secar os frutos ao sol até abertura espontânea e liberação das sementes, que são separadas dos frutos manualmente, com auxílio de peneira.

Secagem: tolerante.
Armazenamento: < 1 ano.

SEMEADURA
Quebra de dormência: desnecessária.
Germinação esperada: 80% a 100%.
Tempo para emergência: < 15 dias.

PRODUÇÃO DE MUDAS
Tolerância à repicagem: média.
Pragas e doenças: mancha nas folhas.
Tempo de produção: 3 a 4 meses; *altura:* 20 a 30 cm; *diâmetro do colo:* > 3 mm.

Fruto: seco deiscente, semente alada, dispersão anemocórica.

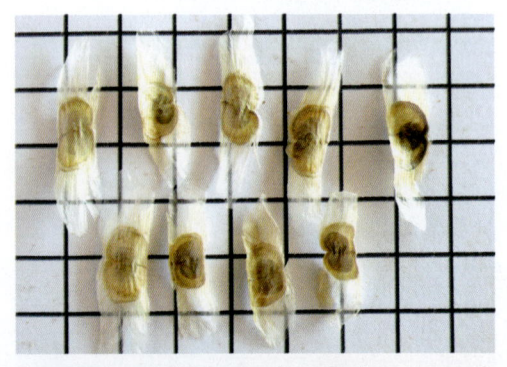

Semente: ortodoxa, sem dormência, 108.400 sementes/kg.

Face superior

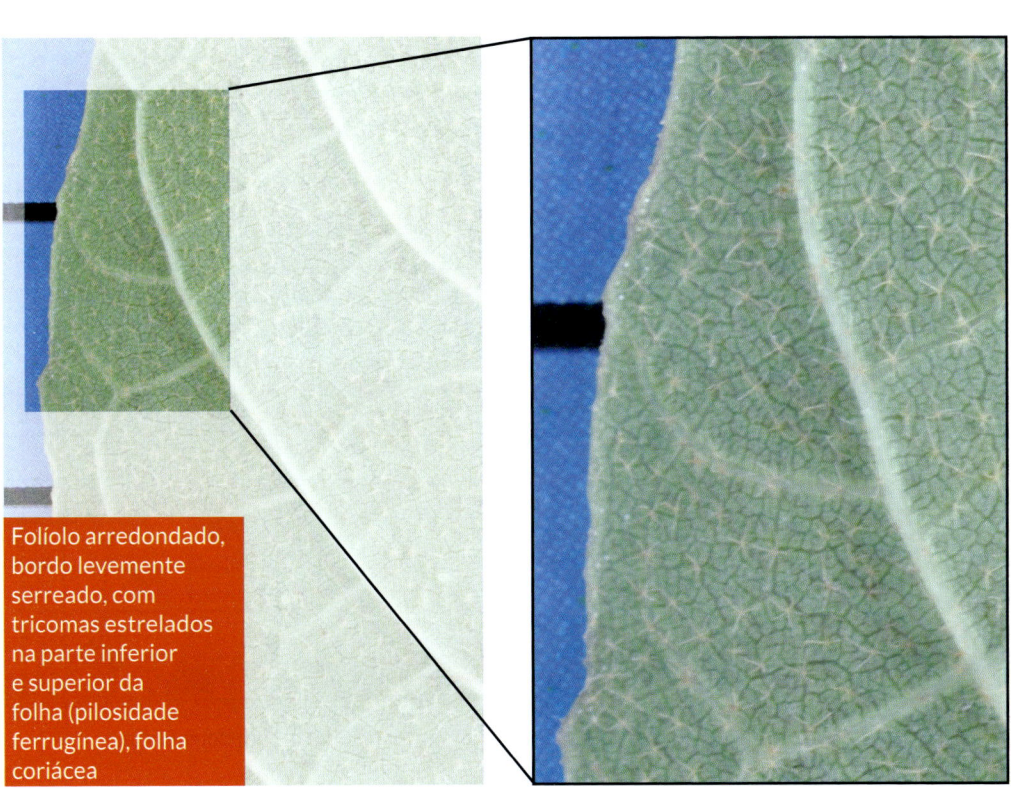

Face inferior

0 1 2 3 cm

DETALHES MORFOLÓGICOS

Folíolo arredondado, bordo levemente serreado, com tricomas estrelados na parte inferior e superior da folha (pilosidade ferrugínea), folha coriácea

Handroanthus heptaphyllus
(Vell.) Mattos

BIGNONIACEAE
Ipê-roxo-sete-folhas

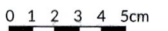

Produção de sementes e mudas

COLETA DE SEMENTES
Período: agosto a outubro.
Técnica: coleta dos frutos de coloração verde e ainda fechados direto da árvore, com podão, quando outros frutos da árvore já tiverem começado a se abrir.
Altura média das matrizes: 15 a 20 m.

BENEFICIAMENTO
Técnica: secar os frutos ao sol até abertura espontânea e liberação das sementes, que são separadas dos frutos manualmente, com auxílio de peneira.

Secagem: tolerante.
Armazenamento: < 1 ano.

SEMEADURA
Quebra de dormência: desnecessária.
Germinação esperada: 80% a 100%.
Tempo para emergência: < 15 dias.

PRODUÇÃO DE MUDAS
Tolerância à repicagem: média.
Pragas e doenças: mancha nas folhas.
Tempo de produção: 3 a 4 meses; *altura:* 20 a 30 cm; *diâmetro do colo:* > 3 mm.

Fruto: seco deiscente, semente alada, dispersão anemocórica.

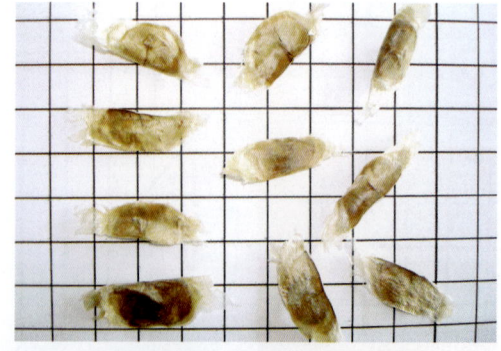

Semente: ortodoxa, sem dormência, 29.000 sementes/kg.

Face superior

Face inferior

0 1 2 3 cm

DETALHES MORFOLÓGICOS

Folíolos alongados, bordo serreado, folhas glabras e membranáceas

Handroanthus impetiginosus (Mart. ex DC.) Mattos

BIGNONIACEAE
Ipê-roxo-de-bola

Produção de sementes e mudas

COLETA DE SEMENTES
Período: agosto a outubro.
Técnica: coleta dos frutos de coloração verde e ainda fechados direto da árvore, com podão, quando outros frutos da árvore já tiverem começado a se abrir.
Altura média das matrizes: 10 a 15 m.

BENEFICIAMENTO
Técnica: secar os frutos ao sol até abertura espontânea e liberação das sementes, que são separadas dos frutos manualmente, com auxílio de peneira.

Secagem: tolerante.
Armazenamento: < 1 ano.

SEMEADURA
Quebra de dormência: desnecessária.
Germinação esperada: 80% a 100%.
Tempo para emergência: < 15 dias.

PRODUÇÃO DE MUDAS
Tolerância à repicagem: média.
Pragas e doenças: mancha nas folhas.
Tempo de produção: 3 a 4 meses; *altura:* 20 a 30 cm; *diâmetro do colo:* > 3 mm.

Fruto: seco deiscente, semente alada, dispersão anemocórica.

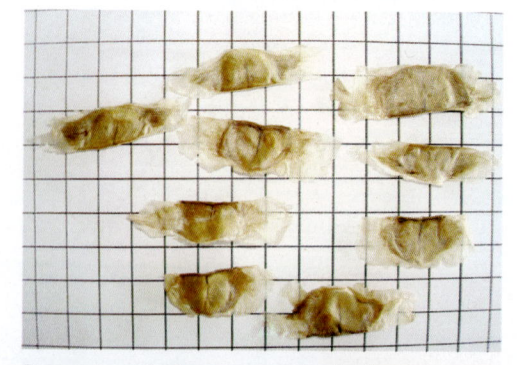

Semente: ortodoxa, sem dormência, 8.250 sementes/kg.

Face superior

Face inferior

0　1　2　3 cm

DETALHES MORFOLÓGICOS

Nervuras arroxeadas

Bordo serreado, folhas glabras e coriáceas

Handroanthus ochraceus
(Cham.) Mattos

BIGNONIACEAE
Ipê-amarelo

Produção de sementes e mudas

COLETA DE SEMENTES
Período: agosto a outubro.
Técnica: coleta dos frutos de coloração verde e ainda fechados direto da árvore, com podão, quando outros frutos da árvore já tiverem começado a se abrir.
Altura média das matrizes: 5 a 10 m.

BENEFICIAMENTO
Técnica: secar os frutos ao sol até abertura espontânea e liberação das sementes, que são separadas dos frutos manualmente, com auxílio de peneira.

Secagem: tolerante.
Armazenamento: < 1 ano.

SEMEADURA
Quebra de dormência: desnecessária.
Germinação esperada: 80% a 100%.
Tempo para emergência: < 15 dias.

PRODUÇÃO DE MUDAS
Tolerância à repicagem: média.
Pragas e doenças: mancha nas folhas.
Tempo de produção: 4 a 5 meses; *altura:* 15 a 25 cm; *diâmetro do colo:* > 3 mm.

Fruto: seco deiscente, semente alada, dispersão anemocórica.

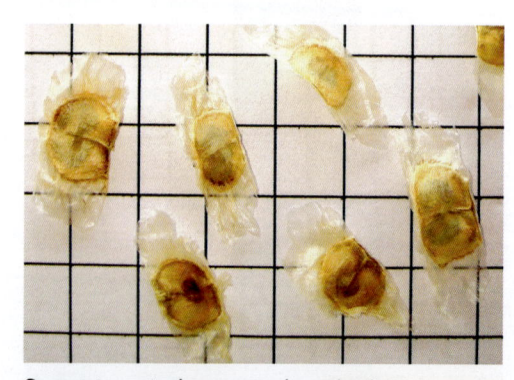

Semente: ortodoxa, sem dormência, 60.300 sementes/kg.

Face superior Face inferior

0　1　2　3 cm

DETALHES MORFOLÓGICOS

Folíolo arredondado, bordo serreado, folha coriácea com pilosidade ferrugínea apenas na face inferior (face superior da folha glabra)

Handroanthus umbellatus (Sond.) Mattos

BIGNONIACEAE
Ipê-amarelo-do-brejo

Produção de sementes e mudas

COLETA DE SEMENTES
Período: setembro a novembro.
Técnica: coleta dos frutos de coloração verde e ainda fechados direto da árvore, com podão, quando outros frutos da árvore já tiverem começado a se abrir.
Altura média das matrizes: 5 a 10 m.

BENEFICIAMENTO
Técnica: secar os frutos ao sol até abertura espontânea e liberação das sementes, que são separadas dos frutos manualmente, com auxílio de peneira.

Secagem: tolerante.
Armazenamento: < 1 ano.

SEMEADURA
Quebra de dormência: desnecessária.
Germinação esperada: 40% a 60%.
Tempo para emergência: < 15 dias.

PRODUÇÃO DE MUDAS
Tolerância à repicagem: alta.
Pragas e doenças: nada em particular.
Tempo de produção: 3 a 4 meses; *altura:* 15 a 20 cm; *diâmetro do colo:* > 2 mm.

Fruto: seco deiscente, semente alada, dispersão anemocórica.

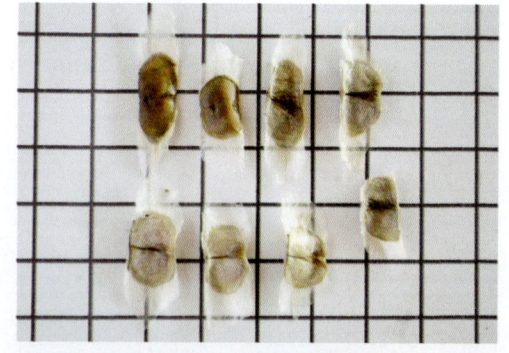

Semente: ortodoxa, sem dormência, 54.000 sementes/kg.

Face superior Face inferior

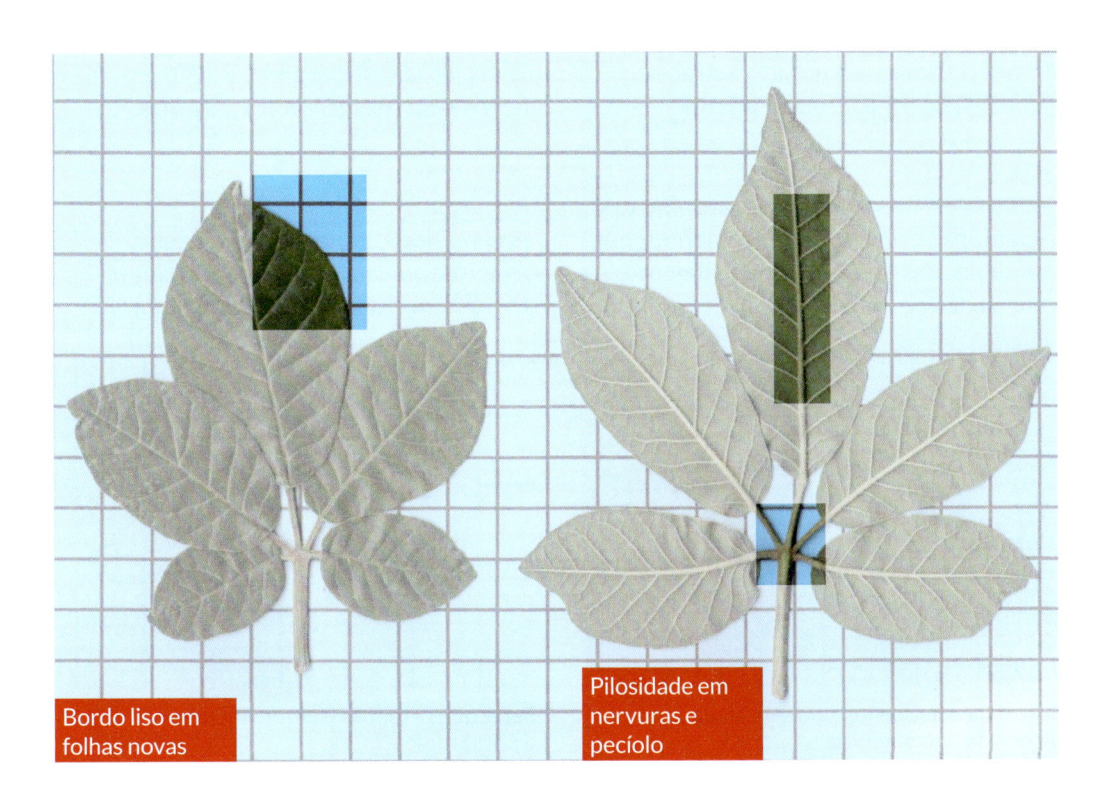

0 1 2 3 cm

DETALHES MORFOLÓGICOS

Bordo liso em folhas novas

Pilosidade em nervuras e pecíolo

Jacaranda cuspidifolia Mart.

BIGNONIACEAE
Jacarandá-branco

Produção de sementes e mudas

COLETA DE SEMENTES
Período: junho a agosto.
Técnica: coleta dos frutos de coloração marrom e ainda fechados direto da árvore, com podão, quando outros frutos da árvore já tiverem começado a se abrir.
Altura média das matrizes: 5 a 10 m.

BENEFICIAMENTO
Técnica: secar os frutos ao sol até abertura espontânea e liberação das sementes, que são separadas dos frutos manualmente, com auxílio de peneira.

Secagem: tolerante.
Armazenamento: > 1 ano.

SEMEADURA
Quebra de dormência: desnecessária.
Germinação esperada: 80% a 100%.
Tempo para emergência: 15 a 30 dias.

PRODUÇÃO DE MUDAS
Tolerância à repicagem: média.
Pragas e doenças: nada em particular.
Tempo de produção: 3 a 4 meses; *altura:* 15 a 20 cm; *diâmetro do colo:* > 2 mm.

Fruto: seco deiscente, semente alada, dispersão anemocórica.

Semente: ortodoxa, sem dormência, 37.500 sementes/kg.

Face superior

Face inferior

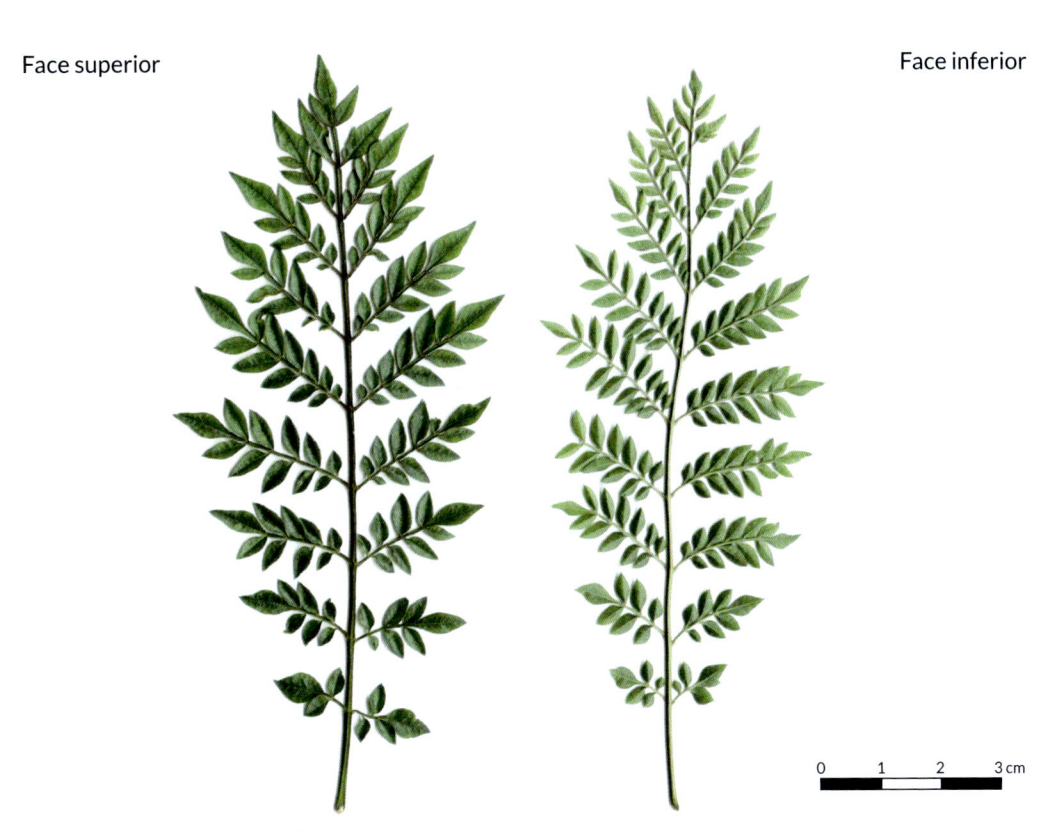

0   1   2   3 cm

DETALHES MORFOLÓGICOS

Raque sulcada na folha e no folíolo

Foliólulo com bordo liso e extremidade pontiaguda

Sparattosperma leucanthum
(Vell.) K. Schum.

BIGNONIACEAE
Ipê-boia

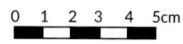

Produção de sementes e mudas

COLETA DE SEMENTES
Período: agosto a outubro.
Técnica: coleta dos frutos de coloração marrom e ainda fechados direto da árvore, com podão, quando outros frutos da árvore já tiverem começado a se abrir.
Altura média das matrizes: 5 a 10 m.

BENEFICIAMENTO
Técnica: secar os frutos ao sol até abertura espontânea e liberação das sementes, que são separadas dos frutos manualmente, com auxílio de peneira.

Secagem: tolerante.
Armazenamento: < 6 meses.

SEMEADURA
Quebra de dormência: desnecessária.
Germinação esperada: 40% a 60%.
Tempo para emergência: 15 a 30 dias.

PRODUÇÃO DE MUDAS
Tolerância à repicagem: média.
Pragas e doenças: nada em particular.
Tempo de produção: 4 a 5 meses; *altura:* 20 a 30 cm; *diâmetro do colo:* > 3 mm.

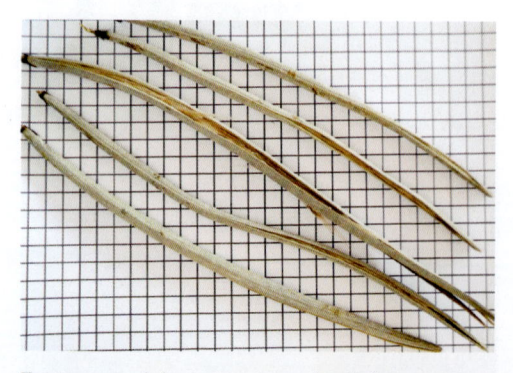

Fruto: seco deiscente, semente alada, dispersão anemocórica.

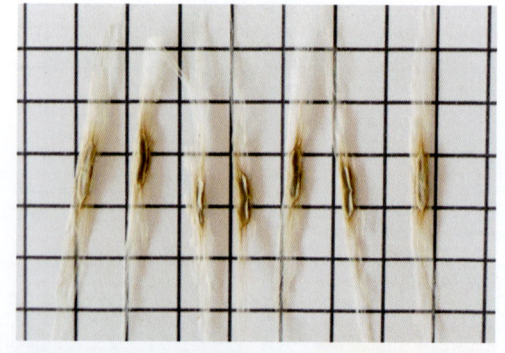

Semente: ortodoxa, sem dormência, 180.000 sementes/kg.

Face superior   Face inferior

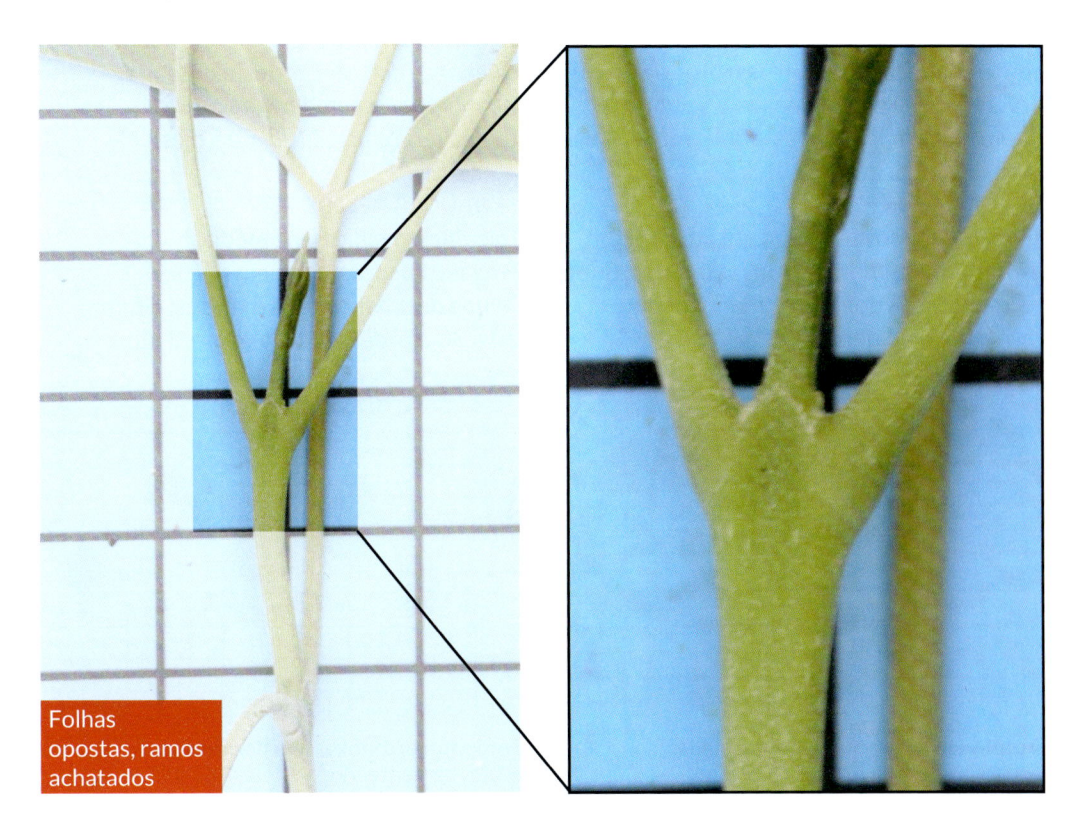

0 1 2 3 cm

DETALHES MORFOLÓGICOS

Folhas opostas, ramos achatados

Tabebuia aurea
(Silva Manso) Benth. & Hook. f. ex S. Moore

BIGNONIACEAE
Ipê-amarelo-do-cerrado

Produção de sementes e mudas

COLETA DE SEMENTES
Período: agosto a outubro.
Técnica: coleta dos frutos de coloração verde e ainda fechados direto da árvore, com podão, quando outros frutos da árvore já tiverem começado a se abrir.
Altura média das matrizes: 5 a 10 m.

BENEFICIAMENTO
Técnica: secar os frutos ao sol até abertura espontânea e liberação das sementes, que são separadas dos frutos manualmente, com auxílio de peneira.

Secagem: tolerante.
Armazenamento: < 1 ano.

SEMEADURA
Quebra de dormência: desnecessária.
Germinação esperada: 80% a 100%.
Tempo para emergência: < 15 dias.

PRODUÇÃO DE MUDAS
Tolerância à repicagem: média.
Pragas e doenças: nada em particular.
Tempo de produção: 3 a 4 meses; *altura:* 20 a 30 cm; *diâmetro do colo:* > 3 mm.

Fruto: seco deiscente, semente alada, dispersão anemocórica.

Semente: ortodoxa, sem dormência, 6.000 sementes/kg.

Face superior

Face inferior

0　1　2　3 cm

DETALHES MORFOLÓGICOS

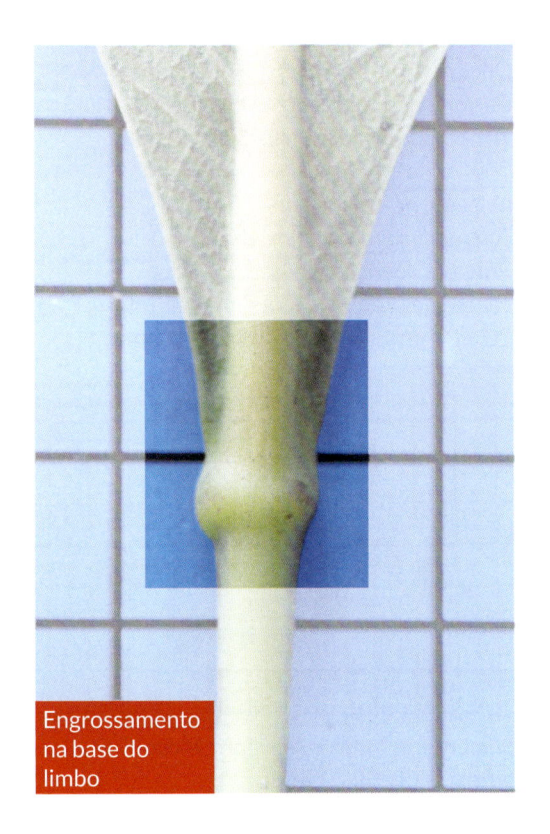

Engrossamento na base do limbo

Caule corticento e engrossamento da raiz principal

Tabebuia insignis
(Miq.) Sandwith

BIGNONIACEAE
Ipê-branco-do-brejo

Produção de sementes e mudas

COLETA DE SEMENTES
Período: setembro a novembro.
Técnica: coleta dos frutos de coloração verde e ainda fechados direto da árvore, com podão, quando outros frutos da árvore já tiverem começado a se abrir.
Altura média das matrizes: 5 a 10 m.

BENEFICIAMENTO
Técnica: secar os frutos ao sol até abertura espontânea e liberação das sementes, que são separadas dos frutos manualmente, com auxílio de peneira.

Secagem: tolerante.
Armazenamento: < 1 ano.

SEMEADURA
Quebra de dormência: desnecessária.
Germinação esperada: 60% a 80%.
Tempo para emergência: 15 a 30 dias.

PRODUÇÃO DE MUDAS
Tolerância à repicagem: alta.
Pragas e doenças: pulgão.
Tempo de produção: 3 a 4 meses; *altura:* 20 a 30 cm; *diâmetro do colo:* > 3 mm.

Fruto: seco deiscente, semente alada, dispersão anemocórica.

Semente: ortodoxa, sem dormência, 40.000 sementes/kg.

Face superior   Face inferior

0   1   2   3 cm

DETALHES MORFOLÓGICOS

Folha coriácea com manchas escuras abundantes

Tabebuia roseoalba
(Ridl.) Sandwith

BIGNONIACEAE
Ipê-branco

Produção de sementes e mudas

COLETA DE SEMENTES
Período: agosto a outubro.
Técnica: coleta dos frutos de coloração verde e ainda fechados direto da árvore, com podão, quando outros frutos da árvore já tiverem começado a se abrir.
Altura média das matrizes: 5 a 10 m.

BENEFICIAMENTO
Técnica: secar os frutos ao sol até abertura espontânea e liberação das sementes, que são separadas dos frutos manualmente, com auxílio de peneira.

Secagem: tolerante.
Armazenamento: < 1 ano.

SEMEADURA
Quebra de dormência: desnecessária.
Germinação esperada: 80% a 100%.
Tempo para emergência: < 15 dias.

PRODUÇÃO DE MUDAS
Tolerância à repicagem: média.
Pragas e doenças: mancha nas folhas.
Tempo de produção: 3 a 4 meses; *altura:* 20 a 30 cm; *diâmetro do colo:* > 3 mm.

Fruto: seco deiscente, semente alada, dispersão anemocórica.

Semente: ortodoxa, sem dormência, 64.200 sementes/kg.

Face superior

Face inferior

0　1　2　3 cm

DETALHES MORFOLÓGICOS

Folhas pilosas e ásperas, com três folíolos, e margem levemente serreada a partir da metade superior

Zeyheria tuberculosa
(Vell.) Bureau ex Verl.

BIGNONIACEAE
Ipê-felpudo

Produção de sementes e mudas

COLETA DE SEMENTES
Período: julho a setembro.
Técnica: os frutos devem ser coletados diretamente das árvores, bem granados e quando começarem a abrir espontaneamente.
Altura média das matrizes: 15 a 20 m.

BENEFICIAMENTO
Técnica: secar os frutos ao sol até abertura espontânea e liberação das sementes, que são separadas dos frutos manualmente, com auxílio de peneira.

Secagem: tolerante.
Armazenamento: < 6 meses.

SEMEADURA
Quebra de dormência: desnecessária.
Germinação esperada: 80% a 100%.
Tempo para emergência: < 15 dias.

PRODUÇÃO DE MUDAS
Tolerância à repicagem: baixa.
Pragas e doenças: pulgão.
Tempo de produção: 4 a 5 meses; *altura:* 20 a 30 cm; *diâmetro do colo:* > 3 mm.

Fruto: seco deiscente, dispersão anemocórica.

Semente: ortodoxa, sem dormência, 19.650 sementes/kg.

Face superior

Face inferior

0 1 2 3 cm

DETALHES MORFOLÓGICOS

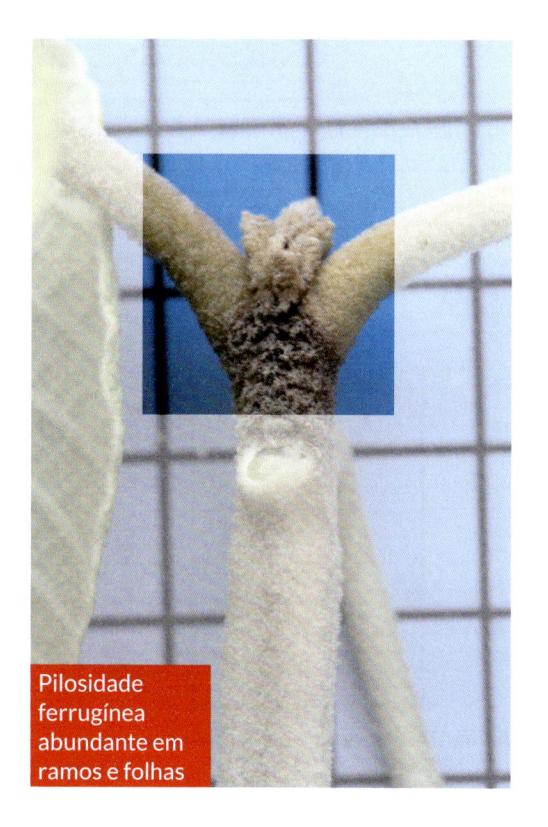

Pilosidade ferrugínea abundante em ramos e folhas

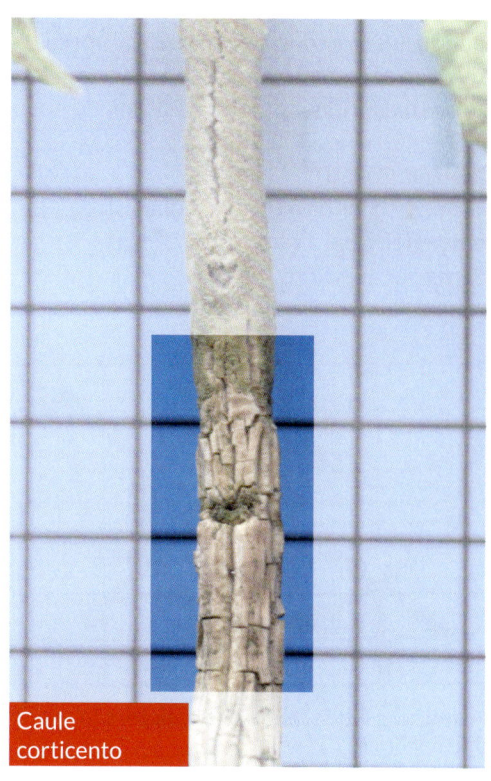

Caule corticento

Cordia americana
(L.) Gottschling & J. S. Mill.

BORAGINACEAE
Guaiuvira

Produção de sementes e mudas

COLETA DE SEMENTES
Período: outubro a dezembro.
Técnica: coleta dos frutos de coloração marrom-escura direto da árvore, com podão, quando outros frutos da árvore já tiverem começado a cair.
Altura média das matrizes: 5 a 10 m.

BENEFICIAMENTO
Técnica: secar os frutos ao sol e esfregá-los em peneira para remoção das asas.
Secagem: tolerante.
Armazenamento: > 1 ano.

SEMEADURA
Quebra de dormência: desnecessária.
Germinação esperada: 80% a 100%.
Tempo para emergência: < 15 dias.

PRODUÇÃO DE MUDAS
Tolerância à repicagem: alta.
Pragas e doenças: nada em particular.
Tempo de produção: 3 a 4 meses; *altura:* 20 a 30 cm; *diâmetro do colo:* > 3 mm.

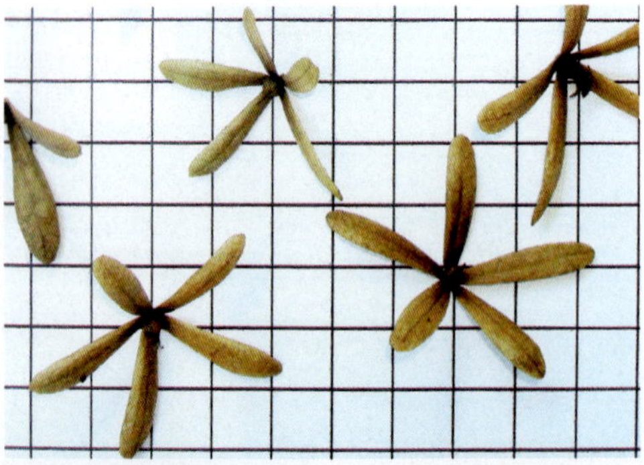

Fruto: seco indeiscente, alado, dispersão anemocórica.

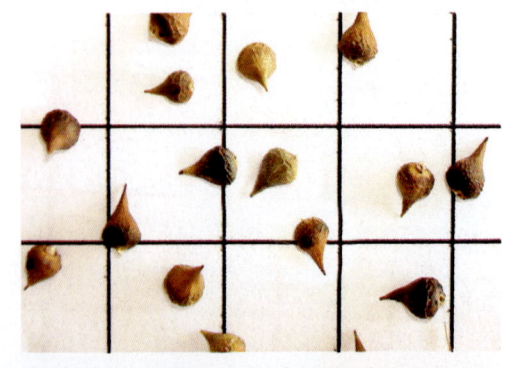

Semente: ortodoxa, sem dormência, 69.650 sementes/kg.

Face superior   Face inferior

0   1   2   3 cm

DETALHES MORFOLÓGICOS

Parte superior do folíolo serreada

Lenticelas abundantes nos ramos

Cordia ecalyculata Vell.

BORAGINACEAE
Claraíba

Produção de sementes e mudas

COLETA DE SEMENTES
Período: fevereiro a abril.
Técnica: coleta dos frutos de coloração vermelha direto da árvore, com podão.
Altura média das matrizes: 5 a 10 m.

BENEFICIAMENTO
Técnica: esfregar os frutos em peneira sob água corrente para a remoção da polpa e separação das sementes.
Secagem: tolerante.
Armazenamento: > 1 ano.

SEMEADURA
Quebra de dormência: desnecessária.
Germinação esperada: 40% a 60%.
Tempo para emergência: 15 a 30 dias.

PRODUÇÃO DE MUDAS
Tolerância à repicagem: alta.
Pragas e doenças: nada em particular.
Tempo de produção: 3 a 4 meses; *altura:* 15 a 20 cm; *diâmetro do colo:* > 2 mm.

Fruto: carnoso, dispersão zoocórica.

Semente: ortodoxa, sem dormência, 3.688 sementes/kg.

Face superior Face inferior

0　1　2　3 cm

DETALHES MORFOLÓGICOS

Folhas glabras

Folha isolada na bifurcação dos ramos

Cordia sellowiana Cham.

BORAGINACEAE
Chá-de-bugre

Produção de sementes e mudas

COLETA DE SEMENTES
Período: novembro a janeiro.
Técnica: coleta dos frutos de coloração amarela direto da árvore, com podão.
Altura média das matrizes: 5 a 10 m.

BENEFICIAMENTO
Técnica: esfregar os frutos em peneira sob água corrente para a remoção da polpa e separação das sementes.
Secagem: tolerante.
Armazenamento: > 1 ano.

SEMEADURA
Quebra de dormência: desnecessária.
Germinação esperada: 40% a 60%.
Tempo para emergência: 15 a 30 dias.

PRODUÇÃO DE MUDAS
Tolerância à repicagem: alta.
Pragas e doenças: nada em particular.
Tempo de produção: 3 a 4 meses; *altura:* 15 a 25 cm; *diâmetro do colo:* > 3 mm.

Fruto: carnoso, dispersão zoocórica.

Semente: ortodoxa, sem dormência, 2.850 sementes/kg.

Face superior   Face inferior

0   1   2   3 cm

DETALHES MORFOLÓGICOS

Caule e folha pilosos

Margem serreada

Cordia superba
Cham.

BORAGINACEAE
Babosa-branca

Produção de sementes e mudas

COLETA DE SEMENTES
Período: janeiro a abril.
Técnica: coleta dos frutos de coloração branca e polpa mole direto da árvore, com podão.
Altura média das matrizes: 5 a 10 m.

BENEFICIAMENTO
Técnica: esfregar os frutos em peneira sob água corrente para a remoção da polpa e separação das sementes.
Secagem: tolerante.
Armazenamento: > 1 ano.

SEMEADURA
Quebra de dormência: desnecessária.
Germinação esperada: 40% a 60%.
Tempo para emergência: < 15 dias.

PRODUÇÃO DE MUDAS
Tolerância à repicagem: alta.
Pragas e doenças: nada em particular.
Tempo de produção: 3 a 4 meses; *altura:* 20 a 30 cm; *diâmetro do colo:* > 3 mm.

Fruto: carnoso, dispersão zoocórica.

Semente: ortodoxa, sem dormência, 2.630 sementes/kg.

Face superior · Face inferior

0 1 2 3 cm

DETALHES MORFOLÓGICOS

Extremidade das nervuras secundárias projetando-se na borda da folha

Cordia trichotoma (Vell.) Arráb. ex Steud.

BORAGINACEAE
Louro-pardo

Produção de sementes e mudas

COLETA DE SEMENTES
Período: julho a setembro.
Técnica: coleta dos frutos de coloração verde a marrom-clara direto da árvore, com podão, quando outros frutos da árvore já tiverem começado a cair. Atentar para a "granação" das sementes antes de realizar a coleta, pois os frutos adquirem a coloração marrom antes de as sementes estarem formadas.
Altura média das matrizes: 5 a 10 m.

BENEFICIAMENTO
Técnica: secar os frutos à sombra e esfregá-los em peneira para remoção das asas.

Secagem: tolerante.
Armazenamento: < 1 mês.

SEMEADURA
Quebra de dormência: desnecessária.
Germinação esperada: 40% a 60%.
Tempo para emergência: 15 a 30 dias.

PRODUÇÃO DE MUDAS
Tolerância à repicagem: alta.
Pragas e doenças: mancha e queda das folhas.
Tempo de produção: 3 a 4 meses; *altura:* 15 a 25 cm; *diâmetro do colo:* > 2 mm.

Fruto: seco indeiscente, alado, dispersão anemocórica.

Semente: ortodoxa, sem dormência, 43.650 sementes/kg.

Face superior

Face inferior

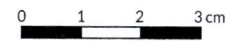

0　1　2　3 cm

DETALHES MORFOLÓGICOS

Folhas ásperas, com bordo serreado

Folhas discolores e com pilosidade na face inferior e ramos

Protium heptaphyllum (Aubl.) Marchand

BURSERACEAE
Almecegueira

Produção de sementes e mudas

COLETA DE SEMENTES
Período: fevereiro a abril.
Técnica: coleta dos frutos de coloração vermelha e ainda fechados direto da árvore, com podão, quando outros frutos da árvore já tiverem começado a se abrir.
Altura média das matrizes: 15 a 20 m.

BENEFICIAMENTO
Técnica: secar os frutos à sombra até se abrirem espontaneamente, separar as sementes manualmente e esfregá-las em peneira sob água corrente para remoção do arilo.

Secagem: intolerante.
Armazenamento: < 1 mês.

SEMEADURA
Quebra de dormência: desnecessária.
Germinação esperada: 40% a 60%.
Tempo para emergência: 15 a 30 dias.

PRODUÇÃO DE MUDAS
Tolerância à repicagem: baixa.
Pragas e doenças: nada em particular.
Tempo de produção: 3 a 4 meses; *altura:* 15 a 20 cm; *diâmetro do colo:* > 2 mm.

Fruto: seco deiscente, semente com arilo, dispersão zoocórica.

Semente: recalcitrante, sem dormência, 11.000 sementes/kg.

Face superior | Face inferior

0 1 2 3 cm

DETALHES MORFOLÓGICOS

Engrossamento da base dos peciólulos

Resina branca na superfície das folhas

Calophyllum brasiliense
Cambess.

CALOPHYLLACEAE
Guanandi

Produção de sementes e mudas

COLETA DE SEMENTES
Período: abril a junho.
Técnica: coleta dos frutos de coloração verde-amarelada direto da árvore, com podão. Como os frutos permanecem esverdeados até o final da maturação, deve-se ter especial atenção para coletá-los apenas quando as sementes já estiverem bem "granadas".
Altura média das matrizes: 5 a 10 m.

BENEFICIAMENTO
Técnica: esfregar os frutos em peneira sob água corrente para a remoção da polpa e separação das sementes.

Fruto: carnoso, dispersão zoocórica.

Secagem: intolerante.
Armazenamento: < 1 ano.

SEMEADURA
Quebra de dormência: desnecessária.
Germinação esperada: 80% a 100%.
Tempo para emergência: < 15 dias.

PRODUÇÃO DE MUDAS
Tolerância à repicagem: média.
Pragas e doenças: ácaro.
Tempo de produção: 3 a 4 meses; *altura:* 20 a 30 cm; *diâmetro do colo:* > 2 mm.

Semente: recalcitrante, sem dormência, 160 sementes/kg.

Face superior

Face inferior

0 1 2 3 cm

DETALHES MORFOLÓGICOS

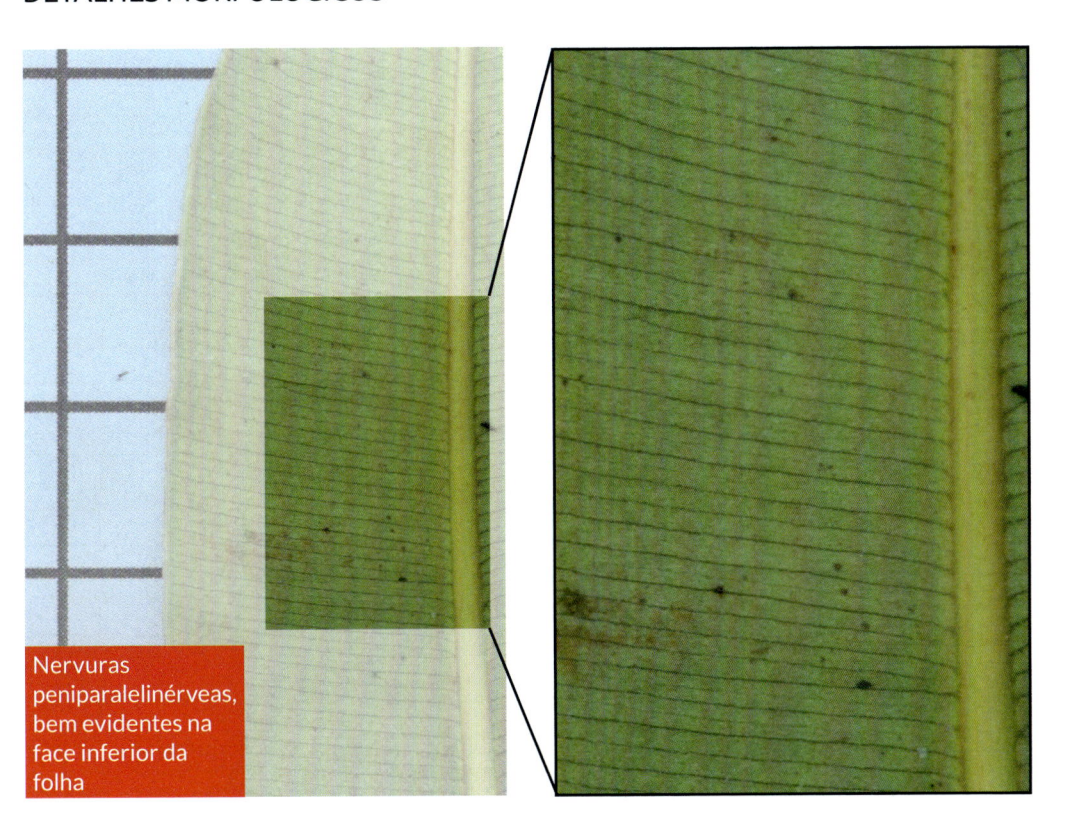

Nervuras peniparalelinérveas, bem evidentes na face inferior da folha

Celtis iguanaea
(Jacq.) Sarg.

CANNABACEAE
Grão-de-galo

Produção de sementes e mudas

COLETA DE SEMENTES
Período: novembro a janeiro.
Técnica: coleta dos frutos de coloração amarela direto da árvore, com podão.
Altura média das matrizes: < 5 m.

BENEFICIAMENTO
Técnica: esfregar os frutos em peneira sob água corrente para a remoção da polpa e separação das sementes.
Secagem: tolerante.
Armazenamento: < 1 semana.

SEMEADURA
Quebra de dormência: desnecessária.
Germinação esperada: 80% a 100%.
Tempo para emergência: < 15 dias.

PRODUÇÃO DE MUDAS
Tolerância à repicagem: média.
Pragas e doenças: nada em particular.
Tempo de produção: 3 a 4 meses; *altura:* 15 a 20 cm; *diâmetro do colo:* > 3 mm.

Fruto: carnoso, dispersão zoocórica.

Semente: ortodoxa, sem dormência, 11.500 sementes/kg.

Face superior   Face inferior

0   1   2   3 cm

DETALHES MORFOLÓGICOS

Espinhos na inserção das folhas

Bordo serreado, face inferior da folha áspera

Trema micrantha
(L.) Blume

CANNABACEAE
Pau-pólvora

Produção de sementes e mudas

COLETA DE SEMENTES
Período: janeiro a junho.
Técnica: coleta dos frutos de coloração vermelha direto da árvore, com podão.
Altura média das matrizes: 5 a 10 m.

BENEFICIAMENTO
Técnica: esfregar os frutos em peneira sob água corrente para a remoção da polpa e separação das sementes.
Secagem: tolerante.
Armazenamento: < 6 meses.

SEMEADURA
Quebra de dormência: desnecessária.
Germinação esperada: < 20%.
Tempo para emergência: < 15 dias.

PRODUÇÃO DE MUDAS
Tolerância à repicagem: baixa.
Pragas e doenças: nada em particular.
Tempo de produção: 3 a 4 meses; *altura:* 15 a 30 cm; *diâmetro do colo:* > 2 mm.

Fruto: carnoso, dispersão zoocórica.

Semente: ortodoxa, dormência fisiológica, 334.010 sementes/kg.

Face superior Face inferior

0　1　2　3 cm

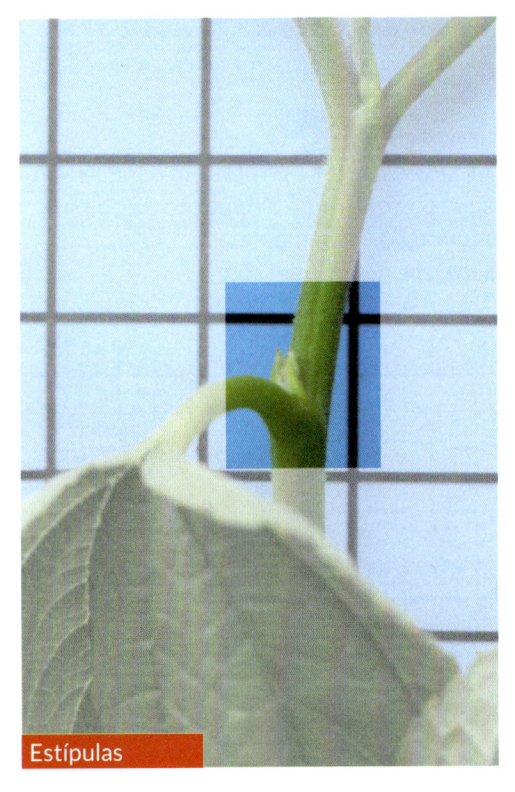

DETALHES MORFOLÓGICOS

Bordo serreado, face inferior da folha pilosa e áspera

Estípulas

Vasconcellea quercifolia
Solms

CARICACEAE
Mamão-do-mato

Produção de sementes e mudas

COLETA DE SEMENTES
Período: fevereiro a março.
Técnica: coleta dos frutos de coloração laranja direto da árvore, com podão, quando outros frutos da árvore já tiverem começado a cair.
Altura média das matrizes: < 5 m.

BENEFICIAMENTO
Técnica: esfregar os frutos em peneira sob água corrente para a remoção da polpa e separação das sementes.
Secagem: pouco tolerante.
Armazenamento: < 6 meses.

SEMEADURA
Quebra de dormência: desnecessária.
Germinação esperada: 80% a 100%.
Tempo para emergência: 15 a 30 dias.

PRODUÇÃO DE MUDAS
Tolerância à repicagem: média.
Pragas e doenças: nada em particular.
Tempo de produção: 3 a 4 meses; *altura:* 10 a 25 cm; *diâmetro do colo:* > 4 mm.

Fruto: carnoso, dispersão zoocórica.

Semente: intermediária, sem dormência, 54.000 sementes/kg.

Face superior

Face inferior

0   1   2   3 cm

DETALHES MORFOLÓGICOS

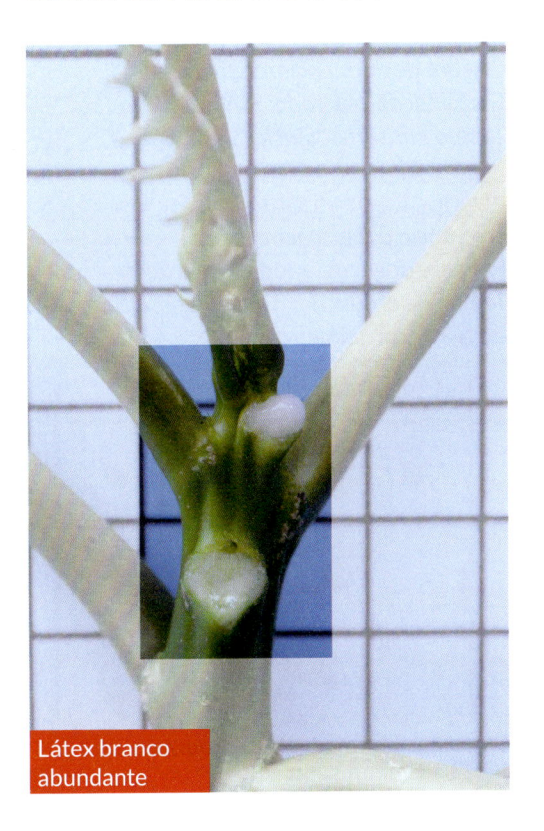

Látex branco abundante

Folha lobada

Jacaratia spinosa
(Aubl.) A. DC.

CARICACEAE
Jaracatiá

Produção de sementes e mudas

COLETA DE SEMENTES
Período: janeiro a março.
Técnica: coleta dos frutos de coloração laranja direto da árvore, com podão, quando outros frutos da árvore já tiverem começado a cair.
Altura média das matrizes: 10 a 15 m.

BENEFICIAMENTO
Técnica: remover o interior do fruto usando uma colher e esfregar o conteúdo em peneira sob água corrente para a remoção da polpa e separação das sementes.

Secagem: pouco tolerante.
Armazenamento: < 6 meses.

SEMEADURA
Quebra de dormência: desnecessária.
Germinação esperada: 80% a 100%.
Tempo para emergência: 15 a 30 dias.

PRODUÇÃO DE MUDAS
Tolerância à repicagem: média.
Pragas e doenças: apodrecimento de raiz.
Tempo de produção: 3 a 4 meses; *altura:* 20 a 30 cm; *diâmetro do colo:* > 4 mm.

Fruto: carnoso, dispersão zoocórica.

Semente: intermediária, sem dormência, 53.400 sementes/kg.

Face superior

Face inferior

0 1 2 3 cm

DETALHES MORFOLÓGICOS

Bordo liso e ondulado

Látex

Caryocar brasiliense
Cambess.

CARYOCARACEAE
Pequi

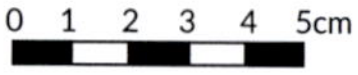

Produção de sementes e mudas

COLETA DE SEMENTES
Período: março a maio.
Técnica: coleta dos frutos de coloração verde direto da árvore, com podão, quando outros frutos da árvore já tiverem começado a se abrir ou a cair.
Altura média das matrizes: 5 a 10 m.

BENEFICIAMENTO
Técnica: secar os frutos ao sol até se abrirem espontaneamente, separar as sementes manualmente e esfregá-las em peneira sob água corrente para remoção do arilo.

Secagem: tolerante.
Armazenamento: < 1 mês.

SEMEADURA
Quebra de dormência: desnecessária.
Germinação esperada: < 20%.
Tempo para emergência: 60 a 75 dias.

PRODUÇÃO DE MUDAS
Tolerância à repicagem: baixa.
Pragas e doenças: nada em particular.
Tempo de produção: 4 a 5 meses; *altura:* 15 a 30 cm; *diâmetro do colo:* > 4 mm.

Fruto: seco deiscente, semente com arilo, dispersão zoocórica.

Semente: ortodoxa, dormência fisiológica, 145 sementes/kg.

Face superior   Face inferior

0 1 2 3 cm

DETALHES MORFOLÓGICOS

Folha reticulada, com pilosidade abundante na face inferior

Maytenus gonoclada Mart.

CELASTRACEAE
Cafezinho

Produção de sementes e mudas

COLETA DE SEMENTES
Período: janeiro a março.
Técnica: coleta dos frutos de coloração amarela e ainda fechados direto da árvore, com podão, quando outros frutos da árvore já tiverem começado a se abrir.
Altura média das matrizes: 5 a 10 m.

BENEFICIAMENTO
Técnica: secar os frutos à sombra até se abrirem espontaneamente, separar as sementes manualmente e esfregá-las em peneira sob água corrente para remoção do arilo.

Secagem: intolerante.
Armazenamento: < 6 meses.

SEMEADURA
Quebra de dormência: desnecessária.
Germinação esperada: 40% a 60%.
Tempo para emergência: 15 a 30 dias.

PRODUÇÃO DE MUDAS
Tolerância à repicagem: baixa.
Pragas e doenças: nada em particular.
Tempo de produção: 4 a 5 meses; *altura:* 15 a 20 cm; *diâmetro do colo:* > 2 mm.

Fruto: seco deiscente, semente com arilo, dispersão zoocórica.

Semente: recalcitrante, sem dormência, 12.500 sementes/kg.

Face superior   Face inferior

0   1   2   3 cm

DETALHES MORFOLÓGICOS

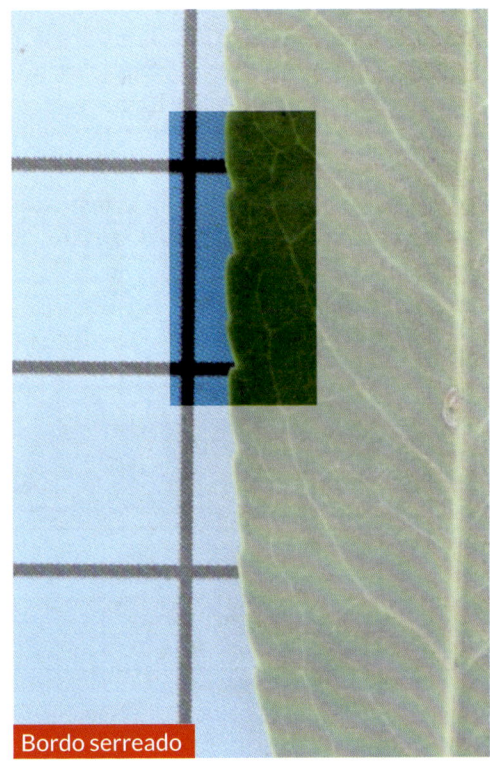

Ramo achatado

Bordo serreado

Terminalia argentea
Mart.

COMBRETACEAE
Capitão-do-campo

Produção de sementes e mudas

COLETA DE SEMENTES
Período: julho a setembro.
Técnica: coleta dos frutos de coloração marrom-escura direto da árvore, com podão, quando outros frutos da árvore já tiverem começado a cair.
Altura média das matrizes: 5 a 10 m.

BENEFICIAMENTO
Técnica: secar os frutos à sombra e esfregá-los em peneira para remoção das asas.
Secagem: tolerante.
Armazenamento: > 1 ano.

SEMEADURA
Quebra de dormência: desnecessária.
Germinação esperada: < 20%.
Tempo para emergência: < 15 dias.

PRODUÇÃO DE MUDAS
Tolerância à repicagem: média.
Pragas e doenças: nada em particular.
Tempo de produção: 3 a 4 meses; *altura:* 20 a 30 cm; *diâmetro do colo:* > 3 mm.

Fruto: seco indeiscente, alado, dispersão anemocórica.

Semente: ortodoxa, sem dormência, 2.750 sementes/kg.

Face superior | Face inferior

0 1 2 3 cm

DETALHES MORFOLÓGICOS

Gema do ápice desenvolvida

Protuberância no pecíolo

Terminalia glabrescens Mart.

COMBRETACEAE
Amarelinho

Produção de sementes e mudas

COLETA DE SEMENTES
Período: agosto a outubro.
Técnica: coleta dos frutos de coloração marrom direto da árvore, com podão, quando outros frutos da árvore já tiverem começado a cair.
Altura média das matrizes: 10 a 15 m.

BENEFICIAMENTO
Técnica: secar os frutos à sombra e esfregá-los em peneira para remoção das asas.
Secagem: tolerante.
Armazenamento: < 6 meses.

SEMEADURA
Quebra de dormência: desnecessária.
Germinação esperada: 20% a 40%.
Tempo para emergência: 15 a 30 dias.

PRODUÇÃO DE MUDAS
Tolerância à repicagem: alta.
Pragas e doenças: nada em particular.
Tempo de produção: 3 a 4 meses; *altura:* 20 a 30 cm; *diâmetro do colo:* > 2 mm.

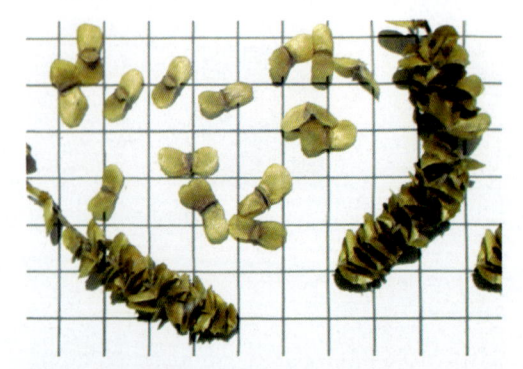

Fruto: seco indeiscente, alado, dispersão anemocórica.

Semente: ortodoxa, sem dormência, 290.000 sementes/kg.

Face superior Face inferior

0 1 2 3 cm

DETALHES MORFOLÓGICOS

Tricomas ferrugíneos abundantes nas brotações, deixando o ápice dos ramos marrom

Tricomas ferrugíneos abundantes na face inferior das folhas

Lamanonia ternata Vell.

CUNONIACEAE
Guaperê

Produção de sementes e mudas

COLETA DE SEMENTES
Período: maio a julho.
Técnica: coleta dos frutos de coloração marrom e ainda fechados direto da árvore, com podão, quando outros frutos da árvore já tiverem começado a se abrir.
Altura média das matrizes: 15 a 20 m.

BENEFICIAMENTO
Técnica: secar os frutos ao sol até abertura espontânea e liberação das sementes, que são separadas dos frutos manualmente, com auxílio de peneira.

Secagem: tolerante.
Armazenamento: > 1 ano.

SEMEADURA
Quebra de dormência: desnecessária.
Germinação esperada: < 20%.
Tempo para emergência: 30 a 45 dias.

PRODUÇÃO DE MUDAS
Tolerância à repicagem: média.
Pragas e doenças: nada em particular.
Tempo de produção: 3 a 4 meses; *altura:* 15 a 30 cm; *diâmetro do colo:* > 2 mm.

Fruto: seco deiscente, semente alada, dispersão anemocórica.

Semente: ortodoxa, sem dormência, 1.300.000 sementes/kg.

Face superior | Face inferior

0 1 2 3 cm

DETALHES MORFOLÓGICOS

Estípula interpeciolar foliácea

Bordo serreado, folhas discolores

Alchornea glandulosa
Poepp. & Endl.

EUPHORBIACEAE
Tapiá

Produção de sementes e mudas

COLETA DE SEMENTES
Período: setembro a novembro.
Técnica: coleta dos frutos de coloração verde e ainda fechados direto da árvore, com podão, quando outros frutos da árvore já tiverem começado a se abrir, expondo as sementes com arilo vermelho.
Altura média das matrizes: 5 a 10 m.

BENEFICIAMENTO
Técnica: secar os frutos ao sol até se abrirem espontaneamente, separar as sementes manualmente e esfregá-las em peneira sob água corrente para remoção do arilo.

Secagem: tolerante.
Armazenamento: < 1 ano.

SEMEADURA
Quebra de dormência: desnecessária.
Germinação esperada: 80% a 100%.
Tempo para emergência: 15 a 30 dias.

PRODUÇÃO DE MUDAS
Tolerância à repicagem: alta.
Pragas e doenças: nada em particular.
Tempo de produção: 3 a 4 meses; *altura:* 15 a 30 cm; *diâmetro do colo:* > 3 mm.

Fruto: seco deiscente, semente com arilo, dispersão zoocórica.

Semente: ortodoxa, sem dormência, 27.130 sementes/kg.

Face superior   Face inferior

0 1 2 3 cm

DETALHES MORFOLÓGICOS

Três nervuras proeminentes saindo da base do limbo

Pilosidade na face inferior do limbo

Glândulas na base do limbo

Alchornea sidifolia
Müll. Arg.

EUPHORBIACEAE
Tanheiro

Produção de sementes e mudas

COLETA DE SEMENTES
Período: novembro a janeiro.
Técnica: coleta dos frutos de coloração verde e ainda fechados direto da árvore, com podão, quando outros frutos da árvore já tiverem começado a se abrir, expondo as sementes com arilo vermelho.
Altura média das matrizes: 5 a 10 m.

BENEFICIAMENTO
Técnica: secar os frutos ao sol até se abrirem espontaneamente, separar as sementes manualmente e esfregá-las em peneira sob água corrente para remoção do arilo.

Secagem: tolerante.
Armazenamento: < 1 ano.

SEMEADURA
Quebra de dormência: desnecessária.
Germinação esperada: 80% a 100%.
Tempo para emergência: 15 a 30 dias.

PRODUÇÃO DE MUDAS
Tolerância à repicagem: alta.
Pragas e doenças: nada em particular.
Tempo de produção: 3 a 4 meses; *altura:* 15 a 30 cm; *diâmetro do colo:* > 3 mm.

Fruto: seco deiscente, semente com arilo, dispersão zoocórica.

Semente: ortodoxa, sem dormência, 19.000 sementes/kg.

Face superior   Face inferior

DETALHES MORFOLÓGICOS

Três nervuras proeminentes saindo da base do limbo

Pilosidade abundante nas nervuras e limbo na face inferior da folha

Margem serreada

Face superior da folha lustrosa, sem pilosidade

Croton floribundus Spreng.

EUPHORBIACEAE
Capixingui

Produção de sementes e mudas

COLETA DE SEMENTES
Período: janeiro a março.
Técnica: coleta dos frutos de coloração verde-amarelada e ainda fechados direto da árvore, com podão, quando outros frutos da árvore já tiverem começado a se abrir.
Altura média das matrizes: 5 a 10 m.

BENEFICIAMENTO
Técnica: secar os frutos ao sol até abertura espontânea e liberação das sementes, que são separadas dos frutos manualmente, com auxílio de peneira.

Secagem: tolerante.
Armazenamento: < 1 ano.

SEMEADURA
Quebra de dormência: desnecessária.
Germinação esperada: 60% a 80%.
Tempo para emergência: < 15 dias.

PRODUÇÃO DE MUDAS
Tolerância à repicagem: alta.
Pragas e doenças: pulgão.
Tempo de produção: 3 a 4 meses; *altura:* 15 a 30 cm; *diâmetro do colo:* > 3 mm.

Fruto: seco deiscente, abertura explosiva, dispersão autocórica.

Semente: ortodoxa, sem dormência, 25.640 sementes/kg.

Face superior

Face inferior

0　1　2　3 cm

DETALHES MORFOLÓGICOS

Estípula

Látex amarelo

Pilosidade esbranquiçada na face inferior da folha

Croton piptocalyx
Müll. Arg.

EUPHORBIACEAE
Caixeta-mole

Produção de sementes e mudas

COLETA DE SEMENTES
Período: novembro a janeiro.
Técnica: coleta dos frutos de coloração verde e ainda fechados direto da árvore, com podão, quando outros frutos da árvore já tiverem começado a se abrir.
Altura média das matrizes: 10 a 15 m.

BENEFICIAMENTO
Técnica: secar os frutos ao sol até abertura espontânea e liberação das sementes, que são separadas dos frutos manualmente, com auxílio de peneira.

Fruto: seco deiscente, abertura explosiva, dispersão autocórica.

Secagem: tolerante.
Armazenamento: < 1 ano.

SEMEADURA
Quebra de dormência: desnecessário.
Germinação esperada: 60% a 80%.
Tempo para emergência: 15 a 30 dias.

PRODUÇÃO DE MUDAS
Tolerância à repicagem: alta.
Pragas e doenças: nada em particular.
Tempo de produção: 3 a 4 meses; *altura:* 15 a 20 cm; *diâmetro do colo:* > 2 mm.

Semente: ortodoxa, sem dormência, 12.700 sementes/kg.

Face superior

Face inferior

0　1　2　3 cm

DETALHES MORFOLÓGICOS

Tricomas brancos no pecíolo e face inferior das folhas novas

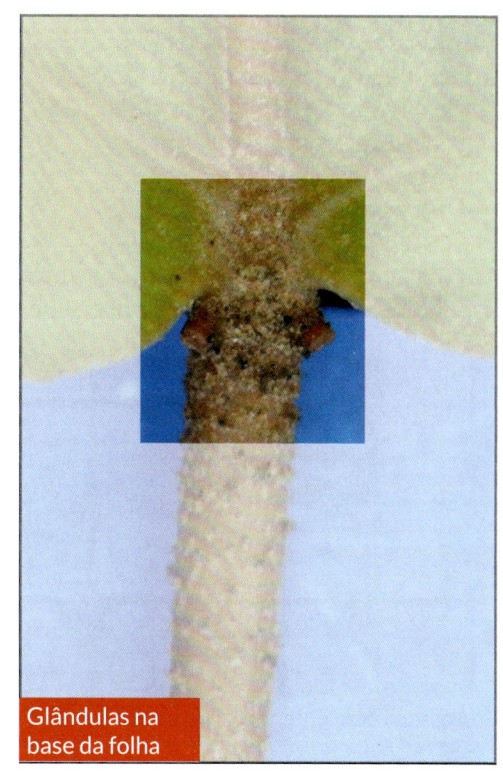

Glândulas na base da folha

Croton urucurana
Baill.

EUPHORBIACEAE
Sangra-d'água

Produção de sementes e mudas

COLETA DE SEMENTES
Período: janeiro a março e junho a agosto.
Técnica: coleta dos frutos de coloração verde e ainda fechados direto da árvore, com podão, quando outros frutos da árvore já tiverem começado a se abrir. Importante: no mesmo ramo onde se encontram os frutos maduros podem ser encontrados frutos ainda em formação e até flores, sendo essencial a separação desses no beneficiamento.
Altura média das matrizes: < 5 m.

BENEFICIAMENTO
Técnica: secar os frutos ao sol até abertura espontânea e liberação das sementes, que são separadas dos frutos manualmente, com auxílio de peneira.
Secagem: tolerante.
Armazenamento: < 1 ano.

SEMEADURA
Quebra de dormência: desnecessária.
Germinação esperada: 40% a 60%.
Tempo para emergência: < 15 dias.

PRODUÇÃO DE MUDAS
Tolerância à repicagem: média.
Pragas e doenças: nada em particular.
Tempo de produção: 3 a 4 meses; *altura:* 15 a 30 cm; *diâmetro do colo:* > 3 mm.

Fruto: seco deiscente, abertura explosiva, dispersão autocórica.

Semente: ortodoxa, sem dormência, 109.700 sementes/kg.

Face superior   Face inferior

0 1 2 3 cm

DETALHES MORFOLÓGICOS

Pilosidade esbranquiçada na face inferior da folha

Par de glândulas alaranjadas na face inferior da folha

Folhas velhas alaranjadas

Mabea fistulifera Mart.

EUPHORBIACEAE
Mamona-do-mato

Produção de sementes e mudas

COLETA DE SEMENTES
Período: agosto a outubro.
Técnica: coleta dos frutos de coloração marrom e ainda fechados direto da árvore, com podão, quando outros frutos da árvore já tiverem começado a se abrir.
Altura média das matrizes: 5 a 10 m.

BENEFICIAMENTO
Técnica: secar os frutos ao sol até abertura espontânea e liberação das sementes, que são separadas dos frutos manualmente, com auxílio de peneira.

Secagem: tolerante.
Armazenamento: < 6 meses.

SEMEADURA
Quebra de dormência: desnecessária.
Germinação esperada: 80% a 100%.
Tempo para emergência: < 15 dias.

PRODUÇÃO DE MUDAS
Tolerância à repicagem: baixa.
Pragas e doenças: nada em particular.
Tempo de produção: 3 a 4 meses; *altura:* 15 a 25 cm; *diâmetro do colo:* > 2 mm.

Fruto: seco deiscente, semente alada, dispersão autocórica.

Semente: ortodoxa, sem dormência, 11.443 sementes/kg.

Face superior Face inferior

0 1 2 3 cm

DETALHES MORFOLÓGICOS

Estípula

Caule ferrugíneo, com látex branco

Faixa mais escura no centro da folha, acompanhando a nervura central

Maprounea guianensis Aubl.

EUPHORBIACEAE
Bonifácio

Produção de sementes e mudas

COLETA DE SEMENTES
Período: setembro a novembro.
Técnica: coleta dos frutos de coloração marrom e ainda fechados direto da árvore, com podão, quando outros frutos da árvore já tiverem começado a se abrir.
Altura média das matrizes: 10 a 15 m.

BENEFICIAMENTO
Técnica: secar os frutos à sombra até se abrirem espontaneamente, separar as sementes manualmente e esfregá-las em peneira sob água corrente para remoção do arilo.

Secagem: tolerante.
Armazenamento: < 1 ano.

SEMEADURA
Quebra de dormência: desnecessária.
Germinação esperada: 60% a 80%.
Tempo para emergência: 15 a 30 dias.

PRODUÇÃO DE MUDAS
Tolerância à repicagem: baixa.
Pragas e doenças: nada em particular.
Tempo de produção: 4 a 5 meses; *altura:* 20 a 30 cm; *diâmetro do colo:* > 2 mm.

Fruto: seco deiscente, semente com arilo, dispersão zoocórica.

Semente: ortodoxa, sem dormência, 70.000 sementes/kg.

Face superior Face inferior

0 1 2 3 cm

DETALHES MORFOLÓGICOS

Glândulas na base da folha

Sebastiania brasiliensis Spreng.

EUPHORBIACEAE
Branquilho

Produção de sementes e mudas

COLETA DE SEMENTES
Período: setembro a novembro.
Técnica: coleta dos frutos de coloração marrom e ainda fechados direto da árvore, com podão, quando outros frutos da árvore já tiverem começado a se abrir.
Altura média das matrizes: 5 a 10 m.

BENEFICIAMENTO
Técnica: secar os frutos ao sol até abertura espontânea e liberação das sementes, que são separadas dos frutos manualmente, com auxílio de peneira.

Fruto: seco deiscente, dispersão autocórica.

Secagem: tolerante.
Armazenamento: < 6 meses.

SEMEADURA
Quebra de dormência: desnecessária.
Germinação esperada: 60% a 80%.
Tempo para emergência: < 15 dias.

PRODUÇÃO DE MUDAS
Tolerância à repicagem: média.
Pragas e doenças: nada em particular.
Tempo de produção: 3 a 4 meses; *altura:* 20 a 30 cm; *diâmetro do colo:* > 3 mm.

Semente: ortodoxa, sem dormência, 70.000 sementes/kg.

Face superior Face inferior

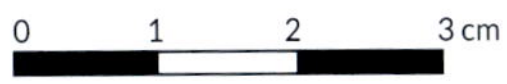

DETALHES MORFOLÓGICOS

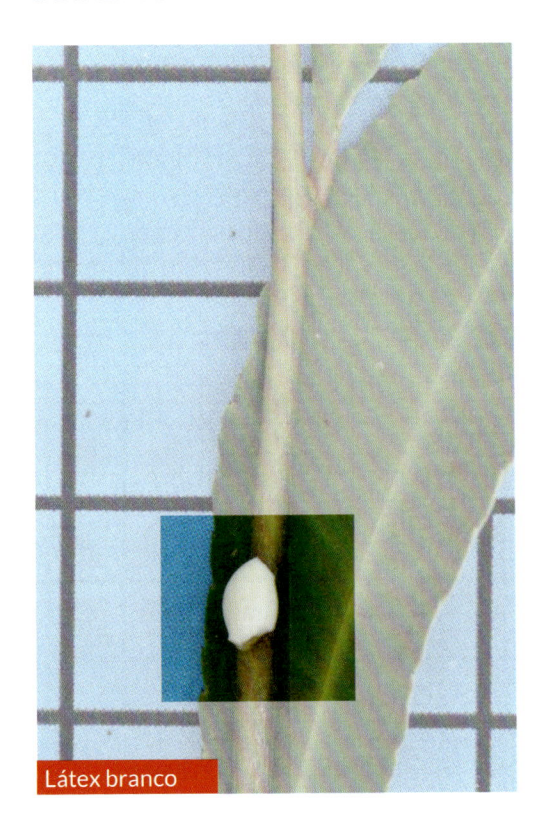

Látex branco

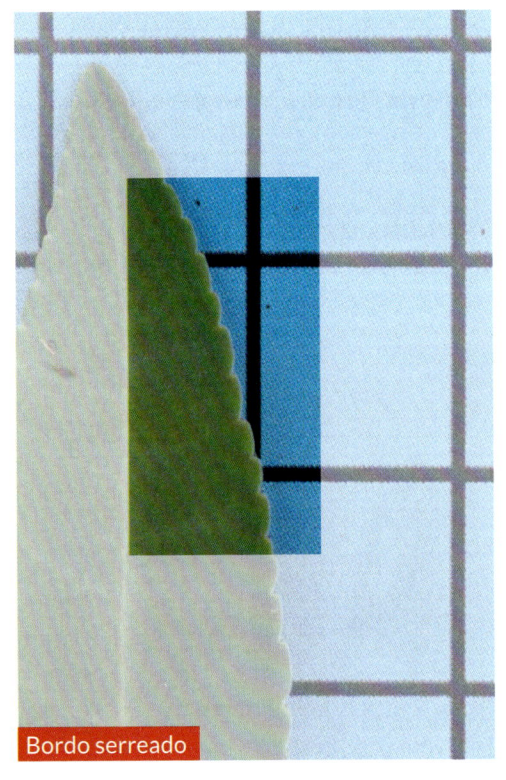

Bordo serreado

Albizia niopoides
(Spruce ex Benth.) Burkart

FABACEAE
Farinha-seca

Produção de sementes e mudas

COLETA DE SEMENTES
Período: setembro a novembro.
Técnica: coleta dos frutos de coloração marrom-clara e já secos direto da árvore, com podão, quando outros frutos da árvore já tiverem começado a cair. Outra opção, mais recomendada, é forrar o chão ao redor da árvore com uma lona e balançar os galhos no horário mais quente do dia, desde que não esteja ventando, para que as sementes sejam recolhidas.
Altura média das matrizes: 15 a 20 m.

BENEFICIAMENTO
Técnica: secar os frutos ao sol até abertura espontânea e liberação das sementes, que são separadas dos frutos manualmente, com auxílio de peneira.
Secagem: tolerante.
Armazenamento: > 1 ano.

SEMEADURA
Quebra de dormência: desnecessária.
Germinação esperada: 80% a 100%.
Tempo para emergência: < 15 dias.

PRODUÇÃO DE MUDAS
Tolerância à repicagem: alta.
Pragas e doenças: seca do ponteiro.
Tempo de produção: 3 a 4 meses; *altura:* 15 a 20 cm; *diâmetro do colo:* > 2 mm.

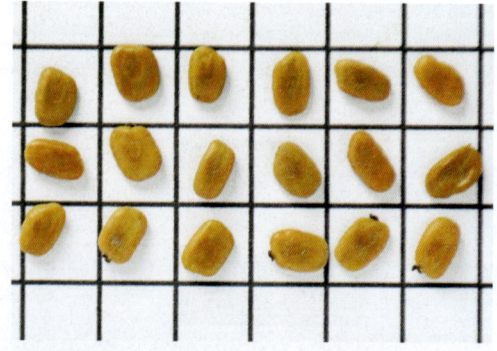

Fruto: seco deiscente, dispersão anemocórica.

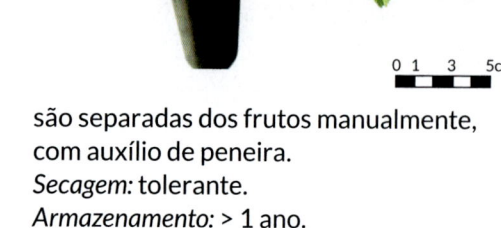

Semente: ortodoxa, sem dormência, 34.850 sementes/kg.

Face superior

Face inferior

0 1 2 3 cm

DETALHES MORFOLÓGICOS

Pequena "estípula" no ápice da raque

Anadenanthera colubrina var. *cebil* (Griseb.) Altschul

FABACEAE
Angico-vermelho

Produção de sementes e mudas

COLETA DE SEMENTES
Período: agosto a outubro.
Técnica: coleta dos frutos de coloração marrom-escura e ainda fechados direto da árvore, com podão, quando outros frutos da árvore já tiverem começado a se abrir. Outra opção, mais recomendada, é forrar o chão ao redor da árvore com uma lona e balançar os galhos no horário mais quente do dia, desde que não esteja ventando, para que as sementes sejam recolhidas.
Altura média das matrizes: 15 a 20 m.

BENEFICIAMENTO
Técnica: secar os frutos ao sol até abertura espontânea e liberação das sementes, que são separadas dos frutos manualmente, com auxílio de peneira.
Secagem: tolerante.
Armazenamento: > 1 ano.

SEMEADURA
Quebra de dormência: desnecessária.
Germinação esperada: 80% a 100%.
Tempo para emergência: < 15 dias.

PRODUÇÃO DE MUDAS
Tolerância à repicagem: baixa.
Pragas e doenças: seca do ponteiro no inverno.
Tempo de produção: 3 a 4 meses; *altura:* 10 a 25 cm; *diâmetro do colo:* > 2 mm.

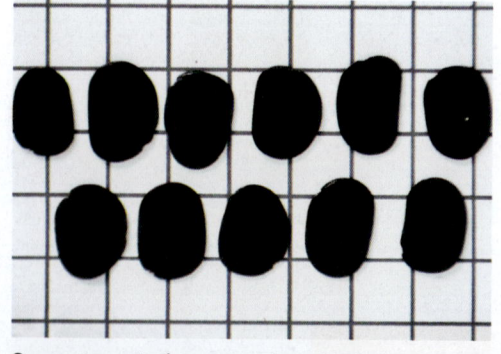

Fruto: seco deiscente, dispersão autocórica.

Semente: ortodoxa, sem dormência, 9.900 sementes/kg.

Face superior   Face inferior

0   1   2   3 cm

DETALHES MORFOLÓGICOS

Glândula avermelhada no pecíolo

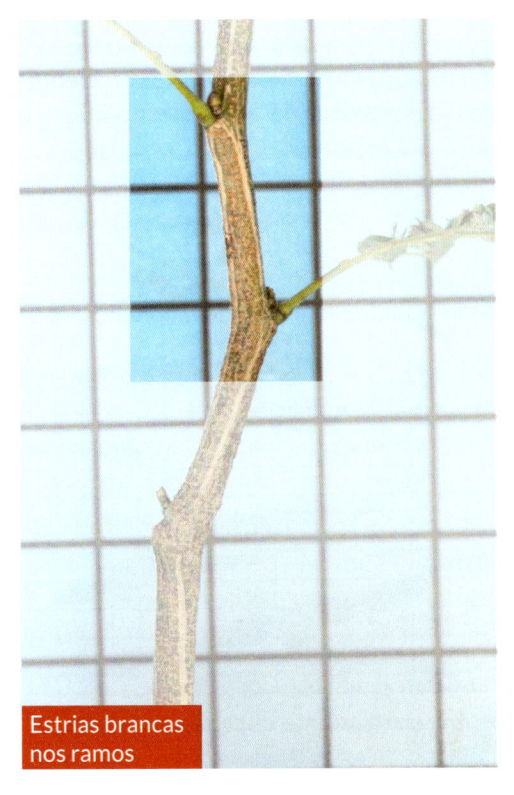

Estrias brancas nos ramos

Anadenanthera colubrina var. colubrina
(Vell.) Brenan

FABACEAE
Angico-branco

Produção de sementes e mudas

COLETA DE SEMENTES
Período: agosto a outubro.
Técnica: coleta dos frutos de coloração marrom-escura e ainda fechados direto da árvore, com podão, quando outros frutos da árvore já tiverem começado a se abrir. Outra opção, mais recomendada, é forrar o chão ao redor da árvore com uma lona e balançar os galhos no horário mais quente do dia, desde que não esteja ventando, para que as sementes sejam recolhidas.
Altura média das matrizes: 15 a 20 m.

BENEFICIAMENTO
Técnica: secar os frutos ao sol até abertura espontânea e liberação das sementes, que são separadas dos frutos manualmente, com auxílio de peneira.
Secagem: tolerante.
Armazenamento: > 1 ano.

SEMEADURA
Quebra de dormência: desnecessária.
Germinação esperada: 80% a 100%.
Tempo para emergência: < 15 dias.

PRODUÇÃO DE MUDAS
Tolerância à repicagem: baixa.
Pragas e doenças: seca do ponteiro no inverno.
Tempo de produção: 3 a 4 meses ; *altura:* 10 a 25 cm; *diâmetro do colo:* > 2 mm.

Fruto: seco deiscente, dispersão autocórica.

Semente: ortodoxa, sem dormência, 8.900 sementes/kg.

Face superior Face inferior

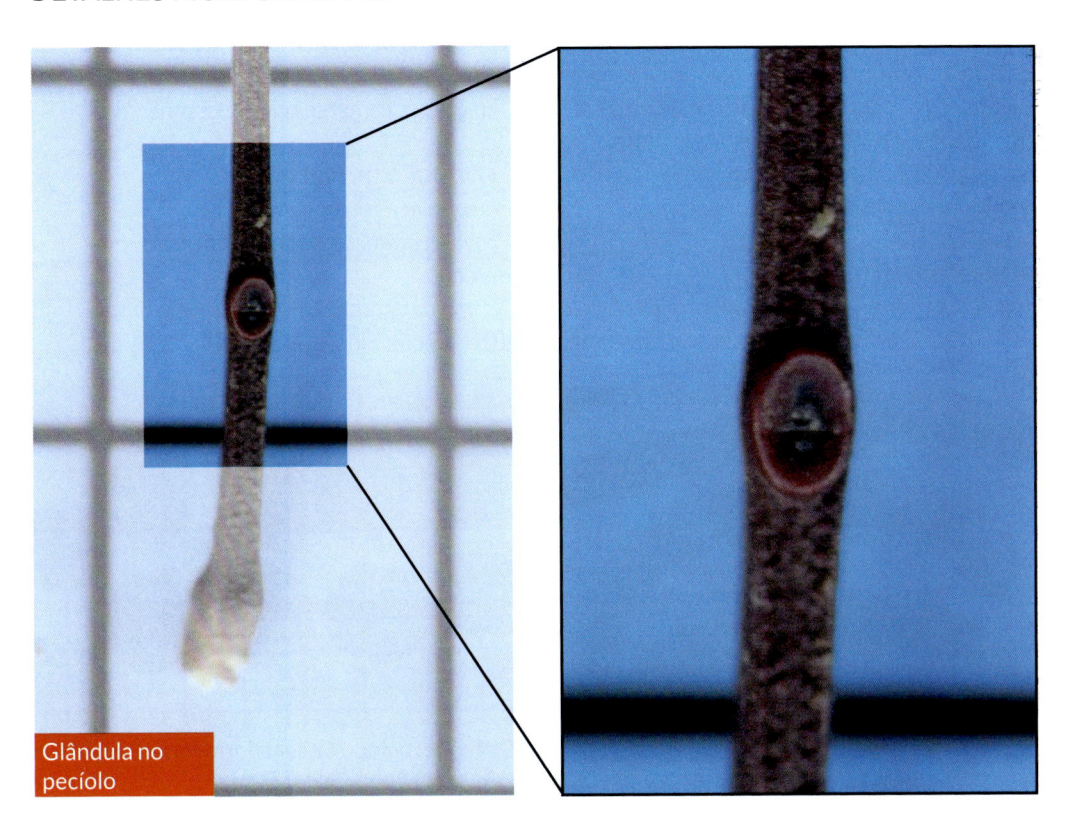

0　　1　　2　　3 cm

DETALHES MORFOLÓGICOS

Glândula no pecíolo

Anadenanthera peregrina var. *falcata* (Benth.) Altschul

FABACEAE
Angico-do-cerrado

Produção de sementes e mudas

COLETA DE SEMENTES
Período: agosto a outubro.
Técnica: coleta dos frutos de coloração marrom-escura e ainda fechados direto da árvore, com podão, quando outros frutos da árvore já tiverem começado a se abrir. Outra opção, mais recomendada, é forrar o chão ao redor da árvore com uma lona e balançar os galhos no horário mais quente do dia, desde que não esteja ventando, para que as sementes sejam recolhidas.
Altura média das matrizes: 10 a 15 m.

BENEFICIAMENTO
Técnica: secar os frutos ao sol até abertura espontânea e liberação das sementes, que são separadas dos frutos manualmente, com auxílio de peneira.
Secagem: tolerante.
Armazenamento: > 1 ano.

SEMEADURA
Quebra de dormência: desnecessária.
Germinação esperada: 80% a 100%.
Tempo para emergência: < 15 dias.

PRODUÇÃO DE MUDAS
Tolerância à repicagem: baixa.
Pragas e doenças: seca do ponteiro no inverno.
Tempo de produção: 3 a 4 meses; *altura:* 10 a 25 cm; *diâmetro do colo:* > 2 mm.

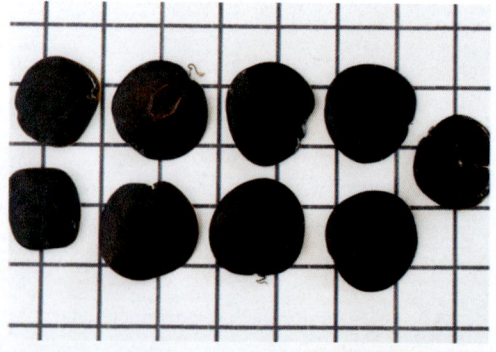

Fruto: seco deiscente, dispersão autocórica.

Semente: ortodoxa, sem dormência, 3.350 sementes/kg.

Face superior　　　　　　　　　　　　　　　　　　　　Face inferior

0　1　2　3 cm

DETALHES MORFOLÓGICOS

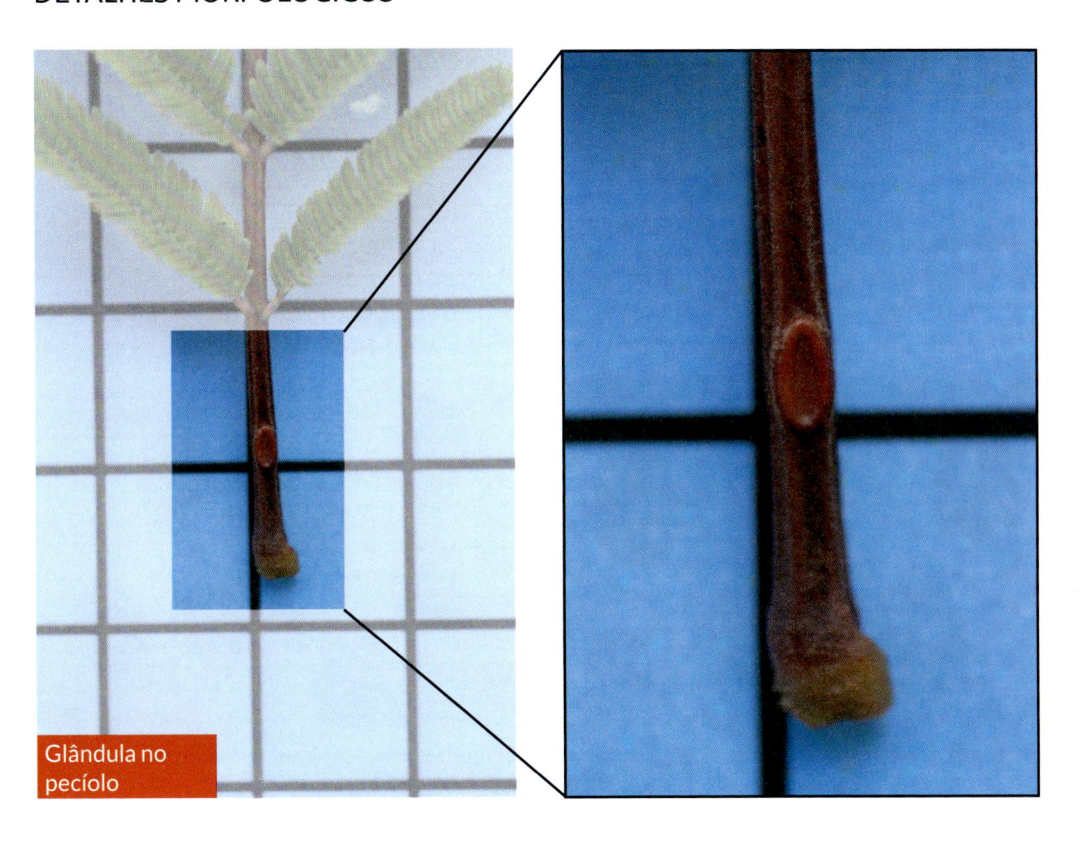

Glândula no pecíolo

Andira fraxinifolia
(Vell.) Benth.

FABACEAE
Angelim-amargoso

Produção de sementes e mudas

COLETA DE SEMENTES
Período: fevereiro a março.
Técnica: coleta dos frutos de coloração verde-amarelada direto da árvore, com podão. Como os frutos permanecem esverdeados até o final da maturação, deve-se ter especial atenção para coletá-los apenas quando as sementes já estiverem bem "granadas".
Altura média das matrizes: 5 a 10 m.

BENEFICIAMENTO
Técnica: esfregar os frutos em peneira sob água corrente para a remoção da polpa e separação das sementes.

Secagem: tolerante.
Armazenamento: < 6 meses.

SEMEADURA
Quebra de dormência: desnecessária.
Germinação esperada: 40% a 60%.
Tempo para emergência: 15 a 30 dias.

PRODUÇÃO DE MUDAS
Tolerância à repicagem: média.
Pragas e doenças: nada em particular.
Tempo de produção: 3 a 4 meses; *altura:* 15 a 20 cm; *diâmetro do colo:* > 2 mm.

Fruto: carnoso, dispersão zoocórica.

Semente: ortodoxa, sem dormência, 65 sementes/kg.

Face superior

Face inferior

0　1　2　3 cm

DETALHES MORFOLÓGICOS

Estipelas na base dos folíolos

Folíolos novos avermelhados

Bauhinia forficata Link

FABACEAE
Unha-de-vaca

Produção de sementes e mudas

COLETA DE SEMENTES
Período: julho a setembro.
Técnica: coleta dos frutos de coloração verde a marrom e ainda fechados direto da árvore, com podão, quando outros frutos da árvore já tiverem começado a se abrir.
Altura média das matrizes: < 5 m.

BENEFICIAMENTO
Técnica: secar os frutos ao sol até abertura espontânea e liberação das sementes, que são separadas dos frutos manualmente, com auxílio de peneira.

Secagem: tolerante.
Armazenamento: > 1 ano.

SEMEADURA
Quebra de dormência: desnecessária.
Germinação esperada: 80% a 100%.
Tempo para emergência: < 15 dias.

PRODUÇÃO DE MUDAS
Tolerância à repicagem: média.
Pragas e doenças: nada em particular.
Tempo de produção: 3 a 4 meses; *altura:* 15 a 25 cm; *diâmetro do colo:* > 2 mm.

Fruto: seco deiscente, abertura explosiva, dispersão autocórica.

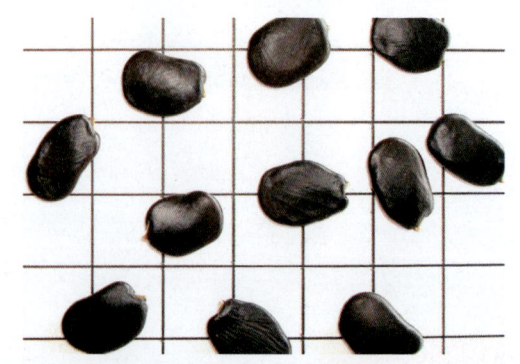

Semente: ortodoxa, sem dormência, 5.200 sementes/kg.

Face superior																				Face inferior

0   1   2   3 cm

DETALHES MORFOLÓGICOS

Extremidade da folha pontiaguda
Folha em formato de pata de vaca

Folíolos fundidos, sem pilosidade

Estípulas transformadas em espinhos

Bauhinia longifolia
(Bong.) Steud.

FABACEAE
Pata-de-vaca

Produção de sementes e mudas

COLETA DE SEMENTES
Período: junho a agosto.
Técnica: coleta dos frutos de coloração verde a marrom e ainda fechados direto da árvore, com podão, quando outros frutos da árvore já tiverem começado a se abrir.
Altura média das matrizes: < 5 m.

BENEFICIAMENTO
Técnica: secar os frutos ao sol até abertura espontânea e liberação das sementes, que são separadas dos frutos manualmente, com auxílio de peneira.

Secagem: tolerante.
Armazenamento: > 1 ano.

SEMEADURA
Quebra de dormência: desnecessária.
Germinação esperada: 80% a 100%.
Tempo para emergência: < 15 dias.

PRODUÇÃO DE MUDAS
Tolerância à repicagem: média.
Pragas e doenças: nada em particular.
Tempo de produção: 3 a 4 meses; *altura:* 15 a 20 cm; *diâmetro do colo:* > 3 mm.

Fruto: seco deiscente, abertura explosiva, dispersão autocórica.

Semente: ortodoxa, sem dormência, 8.588 sementes/kg.

Face superior　　　　　　　　　　　　　　　　　　　　　　　Face inferior

0　　1　　2　　3 cm

DETALHES MORFOLÓGICOS

Folíolos com extremidade arredondada, em formato de pata de vaca

Folíolos fundidos

Pilosidade na face inferior da folha

Cassia leptophylla Vogel

FABACEAE
Falso-barbatimão

Produção de sementes e mudas

COLETA DE SEMENTES
Período: junho e julho.
Técnica: coleta dos frutos de coloração marrom-escura e ainda fechados direto da árvore, com podão, quando outros frutos da árvore já tiverem começado a se abrir.
Altura média das matrizes: 10 a 15 m.

BENEFICIAMENTO
Técnica: secar os frutos ao sol e quebrá-los manualmente para separar as sementes.
Secagem: tolerante.
Armazenamento: > 1 ano.

SEMEADURA
Quebra de dormência: imersão em ácido sulfúrico concentrado por 30 minutos.
Germinação esperada: 40% a 60%.
Tempo para emergência: < 15 dias.

PRODUÇÃO DE MUDAS
Tolerância à repicagem: média.
Pragas e doenças: mancha preta nas folhas.
Tempo de produção: 3 a 4 meses; *altura:* 20 a 30 cm; *diâmetro do colo:* > 3 mm.

Fruto: seco indeiscente, dispersão zoocórica.

Semente: ortodoxa, tegumento impermeável, 4.100 sementes/kg.

Face superior

Face inferior

0 1 2 3 cm

DETALHES MORFOLÓGICOS

Nervação reticulada, com pilosidade

Centrolobium tomentosum
Guillem. ex Benth.

FABACEAE
Araribá

Produção de sementes e mudas

COLETA DE SEMENTES
Período: março a maio.
Técnica: coleta dos frutos de coloração marrom-escura e já secos direto da árvore, com podão, quando outros frutos da árvore já tiverem começado a cair.
Altura média das matrizes: 5 a 10 m.

BENEFICIAMENTO
Técnica: secar os frutos ao sol e remover as asas cortando-as com tesoura ou esfregando os frutos em peneira.
Secagem: tolerante.
Armazenamento: < 1 ano.

SEMEADURA
Quebra de dormência: desnecessária.
Germinação esperada: < 20%.
Tempo para emergência: 30 a 45 dias.

PRODUÇÃO DE MUDAS
Tolerância à repicagem: média.
Pragas e doenças: nada em particular.
Tempo de produção: 4 a 5 meses; *altura:* 20 a 30 cm; *diâmetro do colo:* > 3 mm.

Fruto: seco indeiscente, alado, dispersão anemocórica.

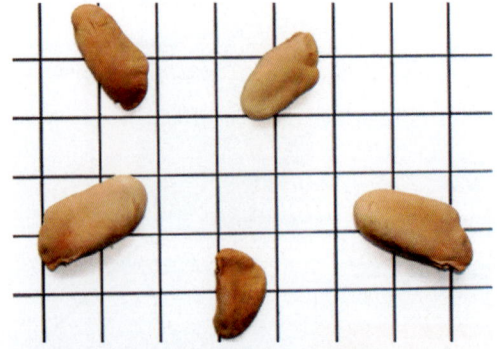

Semente: ortodoxa, sem dormência, 120 sementes/kg.

Face superior

Face inferior

0   1   2   3 cm

DETALHES MORFOLÓGICOS

Pontuações brancas na face inferior da folha

Folíolos opostos

Copaifera langsdorffii Desf.

FABACEAE
Copaíba

Produção de sementes e mudas

COLETA DE SEMENTES
Período: julho a setembro.
Técnica: coleta dos frutos de coloração marrom e ainda fechados direto da árvore, com podão, quando outros frutos da árvore já tiverem começado a se abrir, expondo as sementes com arilo laranja.
Altura média das matrizes: 10 a 15 m.

BENEFICIAMENTO
Técnica: secar os frutos ao sol até se abrirem espontaneamente, separar as sementes manualmente e esfregá-las em peneira sob água corrente para remoção do arilo.

Secagem: tolerante.
Armazenamento: > 1 ano.

SEMEADURA
Quebra de dormência: escarificação mecânica em esmeril e imersão em água por 12 horas.
Germinação esperada: 80% a 100%.
Tempo para emergência: < 15 dias.

PRODUÇÃO DE MUDAS
Tolerância à repicagem: baixa.
Pragas e doenças: nada em particular.
Tempo de produção: 4 a 5 meses; *altura:* 15 a 20 cm; *diâmetro do colo:* > 2 mm.

Fruto: seco deiscente, semente com arilo, dispersão zoocórica.

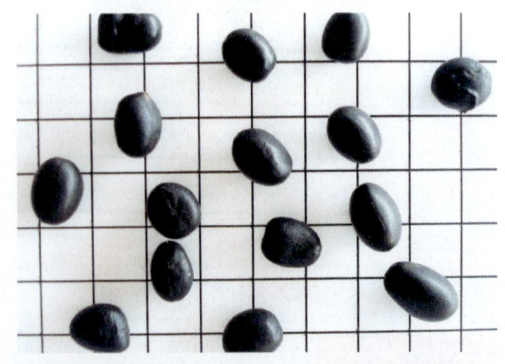

Semente: ortodoxa, tegumento impermeável, 2.128 sementes/kg.

Face superior   Face inferior

0   1   2   3 cm

DETALHES MORFOLÓGICOS

Folhas novas avermelhadas

Pontuações translúcidas

Dahlstedtia muehlbergiana
(Hassl.) M. J. Silva
& A. M. G. Azevedo

FABACEAE
Embira-de-sapo

Produção de sementes e mudas

COLETA DE SEMENTES
Período: junho a agosto.
Técnica: coleta dos frutos de coloração marrom direto da árvore, com podão, quando outros frutos da árvore já tiverem começado a cair.
Altura média das matrizes: 10 a 15 m.

BENEFICIAMENTO
Técnica: secar os frutos ao sol e quebrar a vagem manualmente para separar as sementes.
Secagem: tolerante.
Armazenamento: < 1 ano.

SEMEADURA
Quebra de dormência: desnecessária.
Germinação esperada: 80% a 100%.
Tempo para emergência: < 15 dias.

PRODUÇÃO DE MUDAS
Tolerância à repicagem: média.
Pragas e doenças: nada em particular.
Tempo de produção: 3 a 4 meses; *altura:* 20 a 30 cm; *diâmetro do colo:* > 3 mm.

Fruto: seco indeiscente, alado, dispersão anemocórica.

Semente: ortodoxa, sem dormência, 1.308 sementes/kg.

Face superior | Face inferior

0 1 2 3 cm

DETALHES MORFOLÓGICOS

Nervuras primárias e secundárias amareladas, bem marcadas

Dalbergia miscolobium Benth.

FABACEAE
Sapuvuçu

Produção de sementes e mudas

COLETA DE SEMENTES
Período: janeiro a março.
Técnica: coleta dos frutos de coloração marrom-escura e já secos direto da árvore, com podão, quando outros frutos da árvore já tiverem começado a cair.
Altura média das matrizes: 10 a 15 m.

BENEFICIAMENTO
Técnica: secar os frutos à sombra e esfregá--los em peneira para remoção das asas.
Secagem: tolerante.
Armazenamento: < 1 ano.

SEMEADURA
Quebra de dormência: desnecessária.
Germinação esperada: 40% a 60%.
Tempo para emergência: 15 a 30 dias.

PRODUÇÃO DE MUDAS
Tolerância à repicagem: média.
Pragas e doenças: nada em particular.
Tempo de produção: 3 a 4 meses; *altura:* 15 a 20 cm; *diâmetro do colo:* > 2 mm.

Fruto: seco indeiscente, alado, dispersão anemocórica.

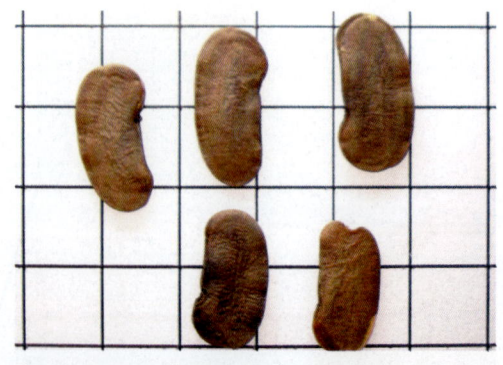

Semente: ortodoxa, sem dormência, 22.000 sementes/kg.

Face superior   Face inferior

DETALHES MORFOLÓGICOS

Extremidade do folíolo curvada para dentro

Dimorphandra mollis Benth.

FABACEAE
Faveiro

Produção de sementes e mudas

COLETA DE SEMENTES
Período: julho a setembro.
Técnica: coleta dos frutos de coloração marrom-escura direto da árvore, com podão, quando os frutos da árvore já tiverem começado a se abrir e exalar odor adocicado.
Altura média das matrizes: 5 a 10 m.

BENEFICIAMENTO
Técnica: secar os frutos ao sol e quebrá-los manualmente para separar as sementes.
Secagem: tolerante.
Armazenamento: > 1 ano.

SEMEADURA
Quebra de dormência: desnecessária.
Germinação esperada: 60% a 80%.
Tempo para emergência: 15 a 30 dias.

PRODUÇÃO DE MUDAS
Tolerância à repicagem: baixa.
Pragas e doenças: nada em particular.
Tempo de produção: 3 a 4 meses; *altura:* 15 a 25 cm; *diâmetro do colo:* > 2 mm.

Fruto: seco indeiscente, dispersão zoocórica.

Semente: ortodoxa, tegumento impermeável, 5.700 sementes/kg.

Face superior

Face inferior

0 1 2 3 cm

DETALHES MORFOLÓGICOS

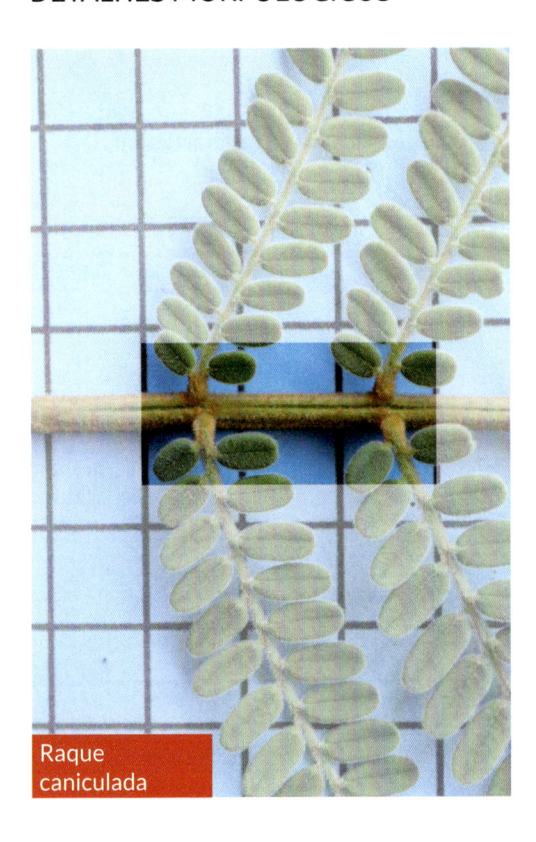

Raque caniculada

Folíolos e raque com abundante pilosidade ferrugínea

Dipteryx alata Vogel

FABACEAE
Baru

Produção de sementes e mudas

COLETA DE SEMENTES
Período: agosto a outubro.
Técnica: coleta dos frutos de coloração marrom do chão ou direto da árvore, com podão, quando outros frutos da árvore já tiverem começado a cair.
Altura média das matrizes: 10 a 15 m.

BENEFICIAMENTO
Técnica: quebrar os frutos com martelo ou com equipamento apropriado para a separação da semente.
Secagem: tolerante.
Armazenamento: < 1 ano.

SEMEADURA
Quebra de dormência: desnecessária.
Germinação esperada: 60% a 80%.
Tempo para emergência: 15 a 30 dias.

PRODUÇÃO DE MUDAS
Tolerância à repicagem: baixa.
Pragas e doenças: nada em particular.
Tempo de produção: 4 a 5 meses; *altura:* 15 a 20 cm; *diâmetro do colo:* > 2 mm.

Fruto: seco indeiscente, dispersão zoocórica.

Semente: ortodoxa, sem dormência, 820 sementes/kg.

Face superior   Face inferior

0　1　2　3 cm

DETALHES MORFOLÓGICOS

Brotação de folha nova em formato de lança

Raque alada

Enterolobium contortisiliquum (Vell.) Morong

FABACEAE
Timburi

Produção de sementes e mudas

COLETA DE SEMENTES
Período: junho a agosto.
Técnica: coleta dos frutos de coloração preta direto da árvore, com podão.
Altura média das matrizes: 5 a 10 m.

BENEFICIAMENTO
Técnica: esmagar ou cortar os frutos manualmente ou com equipamento apropriado e separar as sementes manualmente, com o auxílio de peneira.
Secagem: tolerante.
Armazenamento: > 1 ano.

SEMEADURA
Quebra de dormência: imersão em ácido sulfúrico concentrado por 1 hora.
Germinação esperada: 80% a 100%.
Tempo para emergência: < 15 dias.

PRODUÇÃO DE MUDAS
Tolerância à repicagem: alta.
Pragas e doenças: queda das folhas.
Tempo de produção: 3 a 4 meses; *altura:* 15 a 25 cm; *diâmetro do colo:* > 3 mm.

Fruto: seco indeiscente, dispersão zoocórica.

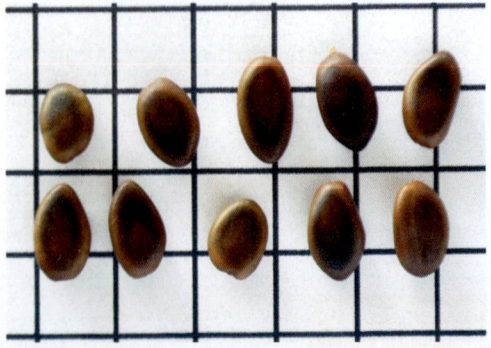

Semente: ortodoxa, tegumento impermeável, 5.224 sementes/kg.

Face superior   Face inferior

DETALHES MORFOLÓGICOS

Nectário extrafloral entre o último par de folíolos

Foliólulos opostos e com base assimétrica

Erythrina falcata Benth.

FABACEAE
Mulungu

Produção de sementes e mudas

COLETA DE SEMENTES
Período: setembro a novembro.
Técnica: coleta dos frutos de coloração marrom-escura e ainda fechados direto da árvore, com podão, quando outros frutos da árvore já tiverem começado a se abrir.
Altura média das matrizes: 5 a 10 m.

BENEFICIAMENTO
Técnica: secar os frutos ao sol e esfregá-los em peneira para separação das sementes.
Secagem: tolerante.
Armazenamento: > 1 ano.

SEMEADURA
Quebra de dormência: escarificação mecânica em esmeril.
Germinação esperada: 80% a 100%.
Tempo para emergência: < 15 dias.

PRODUÇÃO DE MUDAS
Tolerância à repicagem: média.
Pragas e doenças: broca-do-ponteiro.
Tempo de produção: 3 a 4 meses; *altura:* 20 a 30 cm; *diâmetro do colo:* > 4 mm.

Fruto: seco deiscente, dispersão autocórica.

Semente: ortodoxa, tegumento impermeável, 3.500 sementes/kg.

Face superior

Face inferior

0 1 2 3 cm

DETALHES MORFOLÓGICOS

Estípulas nas folhas jovens

Estipelas

Erythrina speciosa
Andrews

FABACEAE
Suinã

Produção de sementes e mudas

COLETA DE SEMENTES
Período: setembro a novembro.
Técnica: coleta dos frutos de coloração marrom-escura e ainda fechados direto da árvore, com podão, quando outros frutos da árvore já tiverem começado a se abrir.
Altura média das matrizes: < 5 m.

BENEFICIAMENTO
Técnica: secar os frutos ao sol e esfregá-los em peneira para separação das sementes.
Secagem: tolerante.
Armazenamento: > 1 ano.

SEMEADURA
Quebra de dormência: escarificação mecânica em esmeril.
Germinação esperada: 80% a 100%.
Tempo para emergência: < 15 dias.

PRODUÇÃO DE MUDAS
Tolerância à repicagem: média.
Pragas e doenças: broca-do-caule.
Tempo de produção: 3 a 4 meses; *altura:* 20 a 30 cm; *diâmetro do colo:* > 4 mm.

Fruto: seco deiscente, dispersão autocórica.

Semente: ortodoxa, tegumento impermeável, 2.500 sementes/kg.

Face superior

Face inferior

0 1 2 3 cm

DETALHES MORFOLÓGICOS

Acúleos nas folhas e ramos

Folíolo com formato "triangular"

Erythrina verna Vell.

FABACEAE
Verna

Produção de sementes e mudas

COLETA DE SEMENTES
Período: setembro a novembro.
Técnica: coleta dos frutos de coloração marrom-escura e ainda fechados direto da árvore, com podão, quando outros frutos da árvore já tiverem começado a se abrir.
Altura média das matrizes: 10 a 15 m.

BENEFICIAMENTO
Técnica: secar os frutos ao sol e esfregá-los em peneira para separação das sementes.
Secagem: tolerante.
Armazenamento: > 1 ano.

SEMEADURA
Quebra de dormência: desnecessária.
Germinação esperada: 80% a 100%.
Tempo para emergência: < 15 dias.

PRODUÇÃO DE MUDAS
Tolerância à repicagem: média.
Pragas e doenças: broca-do-caule.
Tempo de produção: 3 a 4 meses; *altura:* 15 a 30 cm; *diâmetro do colo:* > 4 mm.

Fruto: seco deiscente, dispersão autocórica.

Semente: ortodoxa, tegumento impermeável, 3.590 sementes/kg.

Face superior

Face inferior

0 1 2 3 cm

DETALHES MORFOLÓGICOS

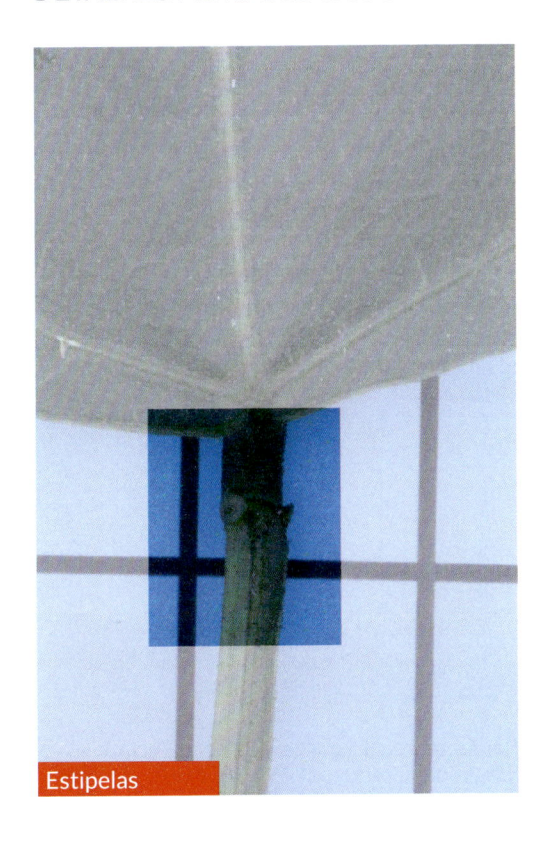

Estipelas

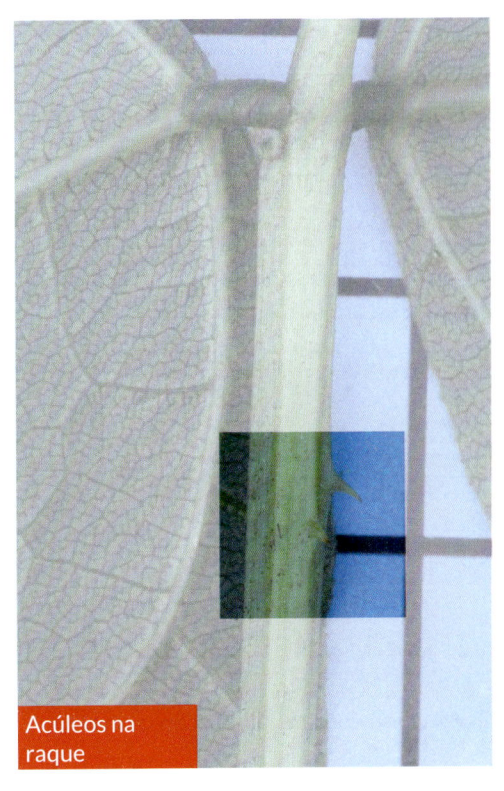

Acúleos na raque

Holocalyx balansae
Micheli

FABACEAE
Alecrim-de-campinas

Produção de sementes e mudas

COLETA DE SEMENTES
Período: outubro a dezembro.
Técnica: coleta dos frutos de coloração verde-amarelada direto da árvore, com podão. Como os frutos permanecem esverdeados até o final da maturação, deve-se ter especial atenção para coletá-los apenas quando as sementes já estiverem bem "granadas".
Altura média das matrizes: 15 a 20 m.

BENEFICIAMENTO
Técnica: remover manualmente a polpa que envolve as sementes.

Secagem: intolerante.
Armazenamento: < 1 mês.

SEMEADURA
Quebra de dormência: desnecessária.
Germinação esperada: 60% a 80%.
Tempo para emergência: < 15 dias.

PRODUÇÃO DE MUDAS
Tolerância à repicagem: baixa.
Pragas e doenças: pulgão.
Tempo de produção: 4 a 5 meses; *altura:* 20 a 30 cm; *diâmetro do colo:* > 3 mm.

Fruto: carnoso, dispersão zoocórica.

Semente: recalcitrante, sem dormência, 400 sementes/kg.

Face superior — Face inferior

0   1   2   3 cm

DETALHES MORFOLÓGICOS

Folíolo assimétrico, com a parte curvada do folíolo mais serreada

Estipelas pontiagudas na raque

Hymenaea courbaril var. stilbocarpa
(Hayne) Y. T. Lee & Langenh.

FABACEAE
Jatobá

Produção de sementes e mudas

COLETA DE SEMENTES
Período: maio a julho.
Técnica: coleta dos frutos de coloração marrom do chão ou direto da árvore, com podão, quando outros frutos da árvore já tiverem começado a cair.
Altura média das matrizes: 15 a 20 m.

BENEFICIAMENTO
Técnica: quebrar os frutos manualmente e bater as sementes com a polpa com água e pedra britada grande em betoneira, até limpar as sementes.
Secagem: tolerante.
Armazenamento: > 1 ano.

SEMEADURA
Quebra de dormência: escarificação mecânica em esmeril e imersão em água por 12 horas.
Germinação esperada: 60% a 80%.
Tempo para emergência: < 15 dias.

PRODUÇÃO DE MUDAS
Tolerância à repicagem: alta.
Pragas e doenças: inseto desfolhador.
Tempo de produção: 3 a 4 meses; *altura:* 20 a 30 cm; *diâmetro do colo:* > 3 mm.

Fruto: seco indeiscente, semente com arilo, dispersão zoocórica.

Semente: ortodoxa, tegumento impermeável, 197 sementes/kg.

Face superior · Face inferior

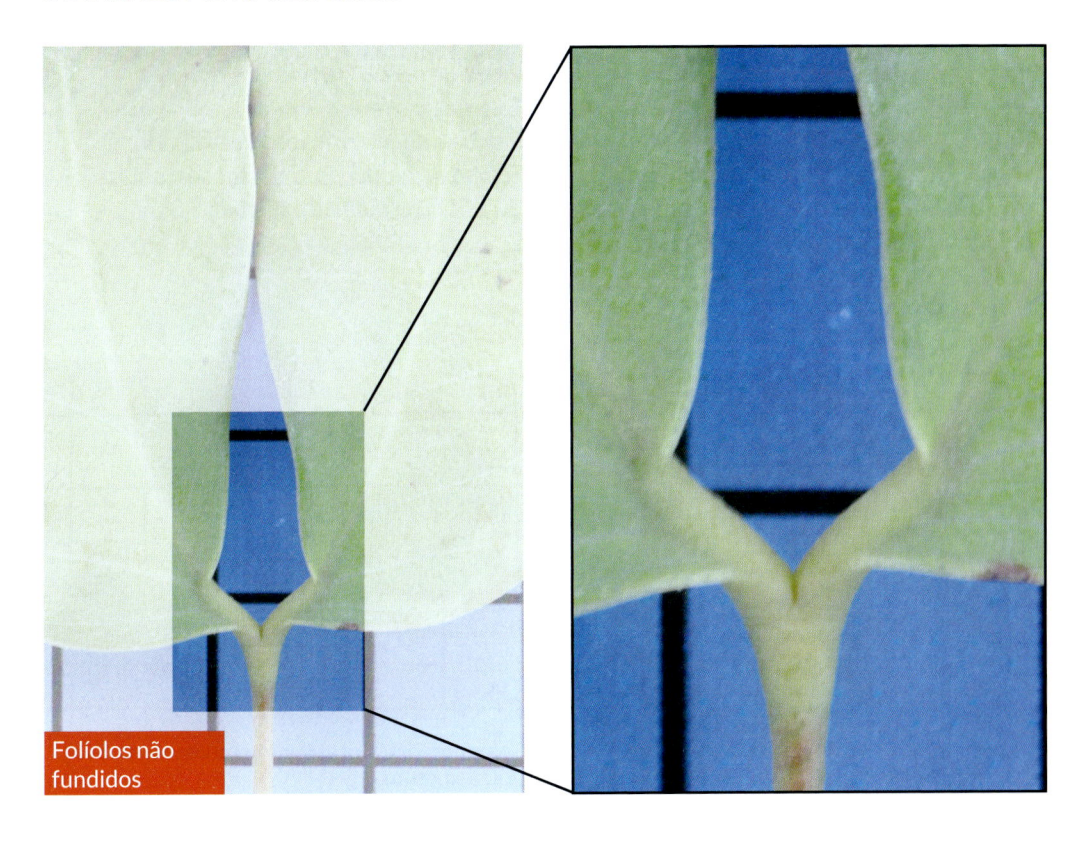

0 1 2 3 cm

DETALHES MORFOLÓGICOS

Folíolos não fundidos

Hymenaea stigonocarpa Mart.

FABACEAE
Jatobá-do-cerrado

Produção de sementes e mudas

COLETA DE SEMENTES
Período: setembro a novembro.
Técnica: coleta dos frutos de coloração marrom do chão ou direto da árvore, com podão, quando outros frutos da árvore já tiverem começado a cair.
Altura média das matrizes: 5 a 10 m.

BENEFICIAMENTO
Técnica: quebrar os frutos manualmente e bater as sementes com a polpa com água e pedra britada grande em betoneira, até limpar as sementes.
Secagem: tolerante.
Armazenamento: > 1 ano.

SEMEADURA
Quebra de dormência: escarificação mecânica em esmeril e imersão em água por 12 horas.
Germinação esperada: 60% a 80%.
Tempo para emergência: < 15 dias.

PRODUÇÃO DE MUDAS
Tolerância à repicagem: alta.
Pragas e doenças: inseto desfolhador.
Tempo de produção: 3 a 4 meses; *altura:* 20 a 30 cm; *diâmetro do colo:* > 3 mm.

Fruto: seco indeiscente, semente com arilo, dispersão zoocórica.

Semente: ortodoxa, tegumento impermeável, 260 sementes/kg.

Face superior   Face inferior

DETALHES MORFOLÓGICOS

Estípulas nas brotações

Pontuações translúcidas

Inga edulis Mart.

FABACEAE
Ingá-de-metro

Produção de sementes e mudas

COLETA DE SEMENTES
Período: março a maio.
Técnica: coleta dos frutos de coloração amarela direto da árvore, com podão, quando outros frutos da árvore já tiverem começado a cair.
Altura média das matrizes: 5 a 10 m.

BENEFICIAMENTO
Técnica: remover manualmente a polpa do fruto e colocar o material de molho em água por algumas horas, para depois remover manualmente o arilo das sementes, com auxílio de uma peneira.

Secagem: intolerante.
Armazenamento: < 1 semana.

SEMEADURA
Quebra de dormência: semear logo após o beneficiamento.
Germinação esperada: 80% a 100%.
Tempo para emergência: < 15 dias.

PRODUÇÃO DE MUDAS
Tolerância à repicagem: média.
Pragas e doenças: nada em particular.
Tempo de produção: 3 a 4 meses; *altura:* 20 a 30 cm; *diâmetro do colo:* > 3 mm.

Fruto: seco deiscente, semente com arilo, dispersão zoocórica.

Semente: recalcitrante, sem dormência, 546 sementes/kg.

Face superior   Face inferior

0   1   2   3 cm

DETALHES MORFOLÓGICOS

Glândulas na raque entre os folíolos, pilosidade nas duas faces da folha

Raque alada bem desenvolvida

Inga laurina
(Sw.) Willd.

FABACEAE
Ingá-mirim

Produção de sementes e mudas

COLETA DE SEMENTES
Período: dezembro a fevereiro.
Técnica: coleta dos frutos de coloração amarela direto da árvore, com podão, quando outros frutos da árvore já tiverem começado a cair.
Altura média das matrizes: 5 a 10 m.

BENEFICIAMENTO
Técnica: remover manualmente a polpa do fruto e colocar o material de molho em água por algumas horas, para depois remover manualmente o arilo das sementes, com auxílio de uma peneira.

Secagem: intolerante.
Armazenamento: < 1 semana.

SEMEADURA
Quebra de dormência: semear logo após o beneficiamento.
Germinação esperada: 80% a 100%.
Tempo para emergência: < 15 dias.

PRODUÇÃO DE MUDAS
Tolerância à repicagem: alta.
Pragas e doenças: nada em particular.
Tempo de produção: 3 a 4 meses; *altura:* 20 a 30 cm; *diâmetro do colo:* > 3 mm.

Fruto: seco deiscente, semente com arilo, dispersão zoocórica.

Semente: recalcitrante, sem dormência, 500 sementes/kg.

Face superiorFace inferior

DETALHES MORFOLÓGICOS

Folhas coriáceas e glabras

Glândulas na raque entre os folíolos

Raque estreitamente alada

Inga marginata Willd.

FABACEAE
Ingá-feijão

Produção de sementes e mudas

COLETA DE SEMENTES
Período: dezembro a fevereiro.
Técnica: coleta dos frutos de coloração amarela direto da árvore, com podão, quando outros frutos da árvore já tiverem começado a cair.
Altura média das matrizes: 5 a 10 m.

BENEFICIAMENTO
Técnica: remover manualmente a polpa do fruto e colocar o material de molho em água por algumas horas, para depois remover manualmente o arilo das sementes, com auxílio de uma peneira.

Secagem: intolerante.
Armazenamento: < 1 semana.

SEMEADURA
Quebra de dormência: semear logo após o beneficiamento.
Germinação esperada: 80% a 100%.
Tempo para emergência: < 15 dias.

PRODUÇÃO DE MUDAS
Tolerância à repicagem: alta.
Pragas e doenças: nada em particular.
Tempo de produção: 3 a 4 meses; *altura:* 20 a 30 cm; *diâmetro do colo:* > 3 mm.

Fruto: seco deiscente, semente com arilo, dispersão zoocórica.

Semente: recalcitrante, sem dormência, 650 sementes/kg.

Face superior   Face inferior

0 1 2 3 cm

DETALHES MORFOLÓGICOS

Folha membranácea e glabra

Glândulas na raque entre os folíolos

Raque estreitamente alada

Inga vera subsp. *affinis*
(DC.) T. D. Penn.

FABACEAE
Ingá-do-brejo

Produção de sementes e mudas

COLETA DE SEMENTES
Período: dezembro a fevereiro.
Técnica: coleta dos frutos de coloração amarela direto da árvore, com podão, quando outros frutos da árvore já tiverem começado a cair.
Altura média das matrizes: 5 a 10 m.

BENEFICIAMENTO
Técnica: remover manualmente a polpa do fruto e colocar o material de molho em água por algumas horas, para depois remover manualmente o arilo das sementes, com auxílio de uma peneira.

Secagem: intolerante.
Armazenamento: < 1 semana.

SEMEADURA
Quebra de dormência: semear logo após o beneficiamento.
Germinação esperada: 80% a 100%.
Tempo para emergência: < 15 dias.

PRODUÇÃO DE MUDAS
Tolerância à repicagem: alta.
Pragas e doenças: nada em particular.
Tempo de produção: 3 a 4 meses; *altura:* 20 a 30 cm; *diâmetro do colo:* > 3 mm.

Fruto: seco deiscente, semente com arilo, dispersão zoocórica.

Semente: recalcitrante, sem dormência, 450 sementes/kg.

Face superior

Face inferior

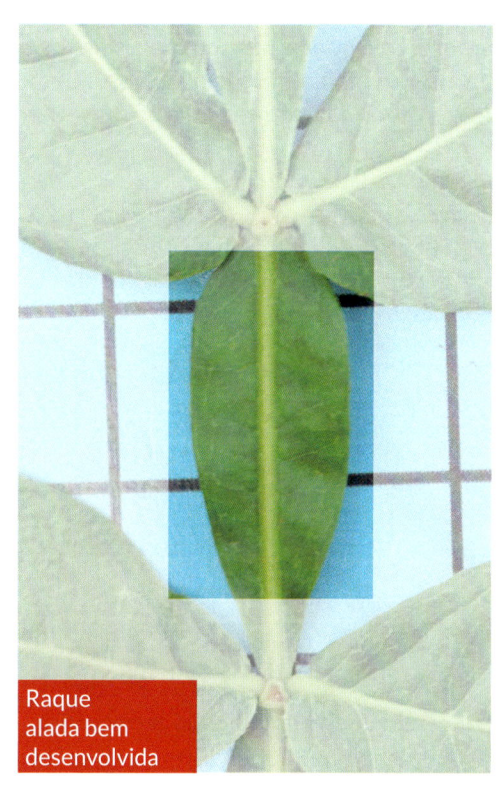

0 1 2 3 cm

DETALHES MORFOLÓGICOS

Glândulas na raque entre os folíolos, pilosidade nas duas faces da folha

Raque alada bem desenvolvida

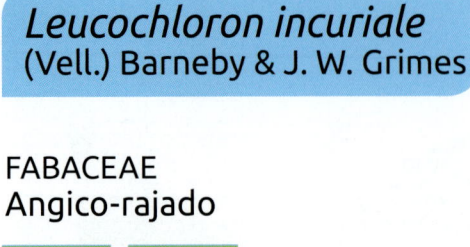

Leucochloron incuriale
(Vell.) Barneby & J. W. Grimes

FABACEAE
Angico-rajado

Produção de sementes e mudas

COLETA DE SEMENTES
Período: junho a agosto.
Técnica: coleta dos frutos de coloração marrom-escura e ainda fechados direto da árvore, com podão, quando outros frutos da árvore já tiverem começado a se abrir.
Altura média das matrizes: 10 a 15 m.

BENEFICIAMENTO
Técnica: secar os frutos ao sol até abertura espontânea e liberação das sementes, que são separadas dos frutos manualmente, com auxílio de peneira.

Secagem: tolerante.
Armazenamento: > 1 ano.

SEMEADURA
Quebra de dormência: desnecessária.
Germinação esperada: 80% a 100%.
Tempo para emergência: < 15 dias.

PRODUÇÃO DE MUDAS
Tolerância à repicagem: baixa.
Pragas e doenças: nada em particular.
Tempo de produção: 4 a 5 meses; *altura:* 15 a 20 cm; *diâmetro do colo:* > 3 mm.

Fruto: seco deiscente, dispersão anemocórica.

Semente: ortodoxa, sem dormência, 18.000 sementes/kg.

Face superior

Face inferior

0 1 2 3 cm

DETALHES MORFOLÓGICOS

Foliólulos assimétricos

Lenticelas

Lonchocarpus cultratus
(Vell.) A. M. G. Azevedo & H. C. Lima

FABACEAE
Embirinha

Produção de sementes e mudas

COLETA DE SEMENTES
Período: junho a agosto.
Técnica: coleta dos frutos de coloração marrom direto da árvore, com podão, quando outros frutos da árvore já tiverem começado a cair.
Altura média das matrizes: 10 a 15 m.

BENEFICIAMENTO
Técnica: secar os frutos ao sol e quebrar a vagem manualmente para separar as sementes.
Secagem: tolerante.
Armazenamento: < 1 ano.

SEMEADURA
Quebra de dormência: desnecessária.
Germinação esperada: 80% a 100%.
Tempo para emergência: < 15 dias.

PRODUÇÃO DE MUDAS
Tolerância à repicagem: média.
Pragas e doenças: nada em particular.
Tempo de produção: 3 a 4 meses; *altura:* 20 a 30 cm; *diâmetro do colo:* > 3 mm.

Fruto: seco indeiscente, alado, dispersão anemocórica.

Semente: ortodoxa, sem dormência, 1.500 sementes/kg.

Face superior

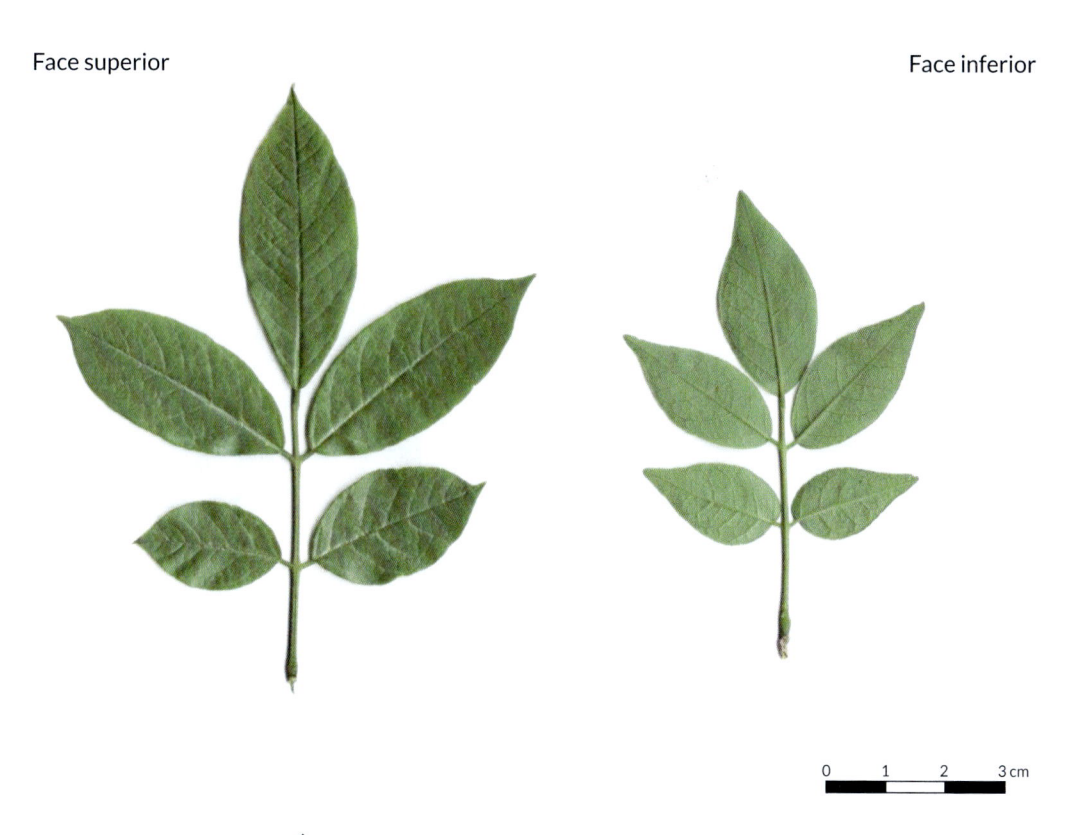

Face inferior

0   1   2   3 cm

DETALHES MORFOLÓGICOS

Engrossamento da base dos peciólulos, folíolos opostos

Nervura proeminente na face inferior da folha

Machaerium hirtum
(Vell.) Stellfeld

FABACEAE
Pau-angu

Produção de sementes e mudas

COLETA DE SEMENTES
Período: abril a junho.
Técnica: coleta dos frutos de coloração marrom-escura direto da árvore, com podão, quando outros frutos da árvore já tiverem começado a cair.
Altura média das matrizes: 10 a 15 m.

BENEFICIAMENTO
Técnica: secar os frutos ao sol e remover as asas cortando-as com tesoura ou esfregando os frutos em peneira.
Secagem: tolerante.
Armazenamento: < 1 ano.

SEMEADURA
Quebra de dormência: desnecessária.
Germinação esperada: < 20%.
Tempo para emergência: 15 a 30 dias.

PRODUÇÃO DE MUDAS
Tolerância à repicagem: média.
Pragas e doenças: nada em particular.
Tempo de produção: 3 a 4 meses; *altura:* 20 a 30 cm; *diâmetro do colo:* > 3 mm.

Fruto: seco indeiscente, alado, dispersão anemocórica.

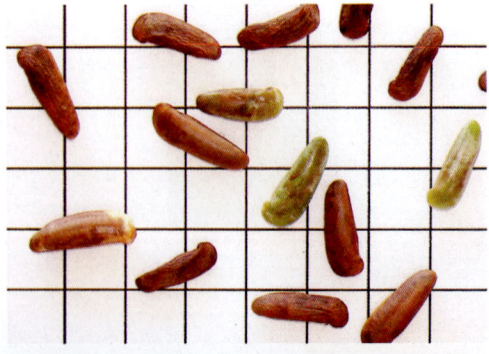

Semente: ortodoxa, sem dormência, 1.900 sementes/kg.

Face superior | Face inferior

0 1 2 3 cm

DETALHES MORFOLÓGICOS

Estípulas transformadas em espinho

Folíolos glabros, extremidade do folíolo curvada para dentro

Machaerium nyctitans (Vell.) Benth.

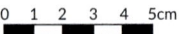

FABACEAE
Bico-de-pato

Produção de sementes e mudas

COLETA DE SEMENTES
Período: agosto a outubro.
Técnica: coleta dos frutos de coloração marrom-escura direto da árvore, com podão, quando outros frutos da árvore já tiverem começado a cair.
Altura média das matrizes: 5 a 10 m.

BENEFICIAMENTO
Técnica: secar os frutos ao sol e remover as asas cortando-as com tesoura ou esfregando os frutos em peneira.
Secagem: tolerante.
Armazenamento: < 1 ano.

SEMEADURA
Quebra de dormência: desnecessária.
Germinação esperada: 60% a 80%.
Tempo para emergência: < 15 dias.

PRODUÇÃO DE MUDAS
Tolerância à repicagem: média.
Pragas e doenças: mancha nas folhas.
Tempo de produção: 3 a 4 meses; *altura:* 20 a 30 cm; *diâmetro do colo:* > 3 mm.

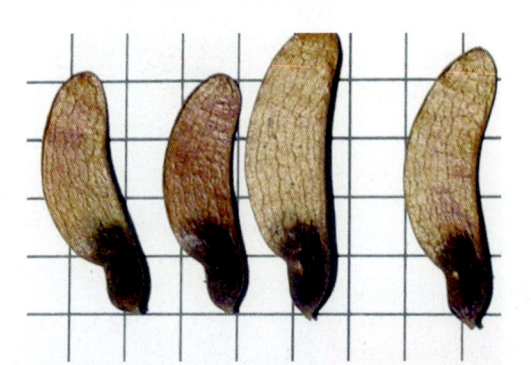

Fruto: seco indeiscente, alado, dispersão anemocórica.

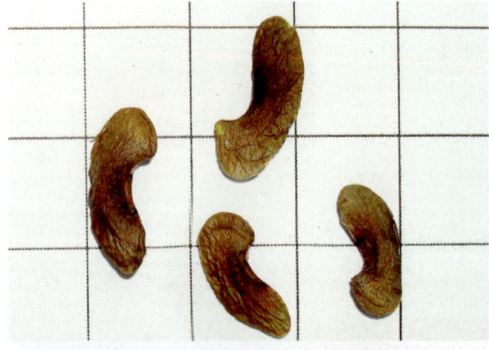

Semente: ortodoxa, sem dormência, 5.360 sementes/kg.

Face superior

Face inferior

0 1 2 3 cm

DETALHES MORFOLÓGICOS

Estípulas transformadas em espinhos alongados e pilosos

Extremidade do folíolo arredondada

Folíolo com pilosidade ferrugínea

Machaerium stipitatum
Vogel

FABACEAE
Sapuva

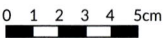

Produção de sementes e mudas

COLETA DE SEMENTES
Período: julho a setembro.
Técnica: coleta dos frutos de coloração marrom-escura direto da árvore, com podão, quando outros frutos da árvore já tiverem começado a cair.
Altura média das matrizes: 5 a 10 m.

BENEFICIAMENTO
Técnica: secar os frutos ao sol e remover as asas cortando-as com tesoura ou esfregando os frutos em peneira.

Fruto: seco indeiscente, alado, dispersão anemocórica.

Secagem: tolerante.
Armazenamento: < 1 ano.

SEMEADURA
Quebra de dormência: desnecessária.
Germinação esperada: 80% a 100%.
Tempo para emergência: < 15 dias.

PRODUÇÃO DE MUDAS
Tolerância à repicagem: média.
Pragas e doenças: nada em particular.
Tempo de produção: 3 a 4 meses; *altura:* 15 a 25 cm; *diâmetro do colo:* > 2 mm.

Semente: ortodoxa, sem dormência, 6.000 sementes/kg.

Face superior

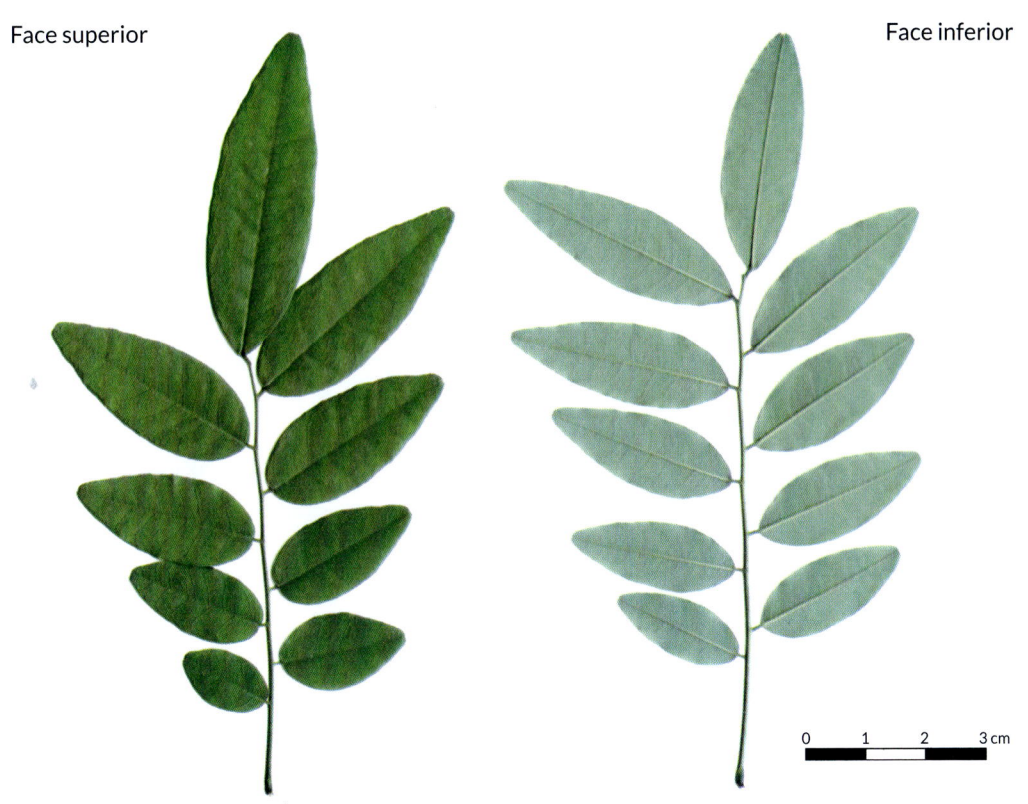

Face inferior

0　1　2　3 cm

DETALHES MORFOLÓGICOS

Folíolos discolores

Machaerium villosum Vogel

FABACEAE
Jacarandá-paulista

Produção de sementes e mudas

COLETA DE SEMENTES
Período: agosto a setembro.
Técnica: coleta dos frutos de coloração marrom-escura direto da árvore, com podão, quando outros frutos da árvore já tiverem começado a cair.
Altura média das matrizes: 10 a 15 m.

BENEFICIAMENTO
Técnica: secar os frutos ao sol e remover as asas cortando-as com tesoura ou esfregando os frutos em peneira.
Secagem: tolerante.
Armazenamento: < 1 ano.

SEMEADURA
Quebra de dormência: desnecessária.
Germinação esperada: 60% a 80%.
Tempo para emergência: < 15 dias.

PRODUÇÃO DE MUDAS
Tolerância à repicagem: média.
Pragas e doenças: nada em particular.
Tempo de produção: 4 a 5 meses; *altura:* 15 a 25 cm; *diâmetro do colo:* > 2 mm.

Fruto: seco indeiscente, alado, dispersão anemocórica.

Semente: ortodoxa, sem dormência, 2.100 sementes/kg.

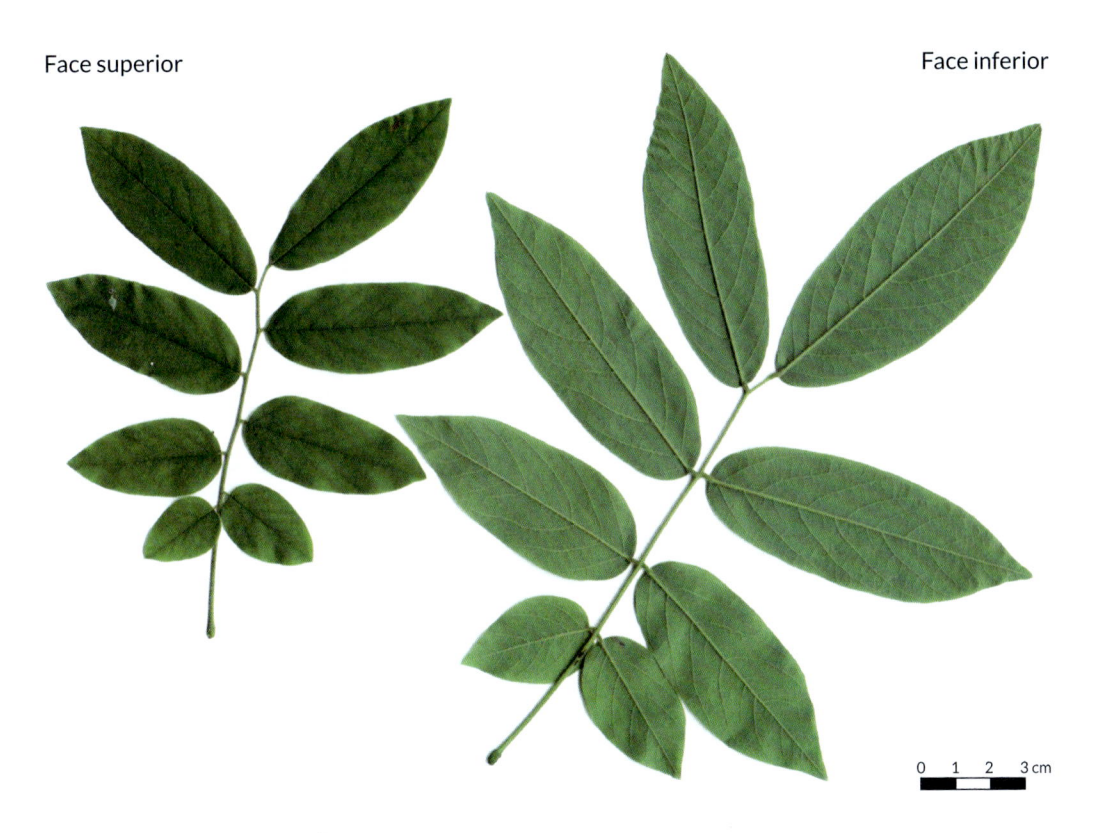

Face superior

Face inferior

0 1 2 3 cm

DETALHES MORFOLÓGICOS

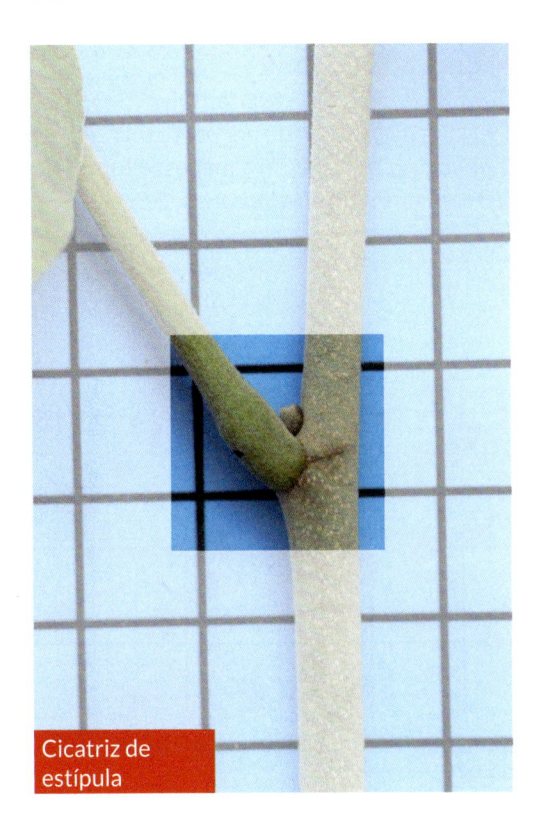

Cicatriz de estípula

Folíolos pilosos

Mimosa bimucronata
(DC.) Kuntze

FABACEAE
Espinho-de-maricá

Produção de sementes e mudas

COLETA DE SEMENTES
Período: abril a junho.
Técnica: coleta dos frutos de coloração marrom-escura direto da árvore, com podão, quando outros frutos da árvore já tiverem começado a cair.
Altura média das matrizes: < 5 m.

BENEFICIAMENTO
Técnica: secar os frutos ao sol e esfregá-los em uma peneira para separação das sementes.
Secagem: tolerante.
Armazenamento: > 1 ano.

SEMEADURA
Quebra de dormência: desnecessária.
Germinação esperada: 80% a 100%.
Tempo para emergência: < 15 dias.

PRODUÇÃO DE MUDAS
Tolerância à repicagem: alta.
Pragas e doenças: nada em particular.
Tempo de produção: 3 a 4 meses; *altura:* 20 a 40 cm; *diâmetro do colo:* > 3 mm.

Fruto: seco indeiscente, alado, dispersão anemocórica.

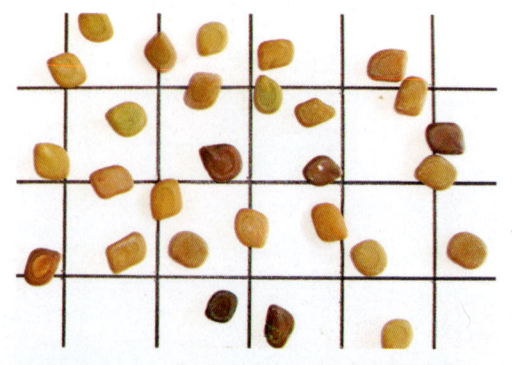

Semente: ortodoxa, tegumento impermeável, 111.300 sementes/kg.

Face superior Face inferior

0　　1　　2　　3 cm

DETALHES MORFOLÓGICOS

Acúleos no ramo

Acúleos na raque

Myrocarpus frondosus
Allemão

FABACEAE
Óleo-pardo

Produção de sementes e mudas

COLETA DE SEMENTES
Período: novembro a janeiro.
Técnica: coleta dos frutos de coloração marrom direto da árvore, com podão, quando outros frutos da árvore já tiverem começado a cair.
Altura média das matrizes: 5 a 10 m.

BENEFICIAMENTO
Técnica: secar os frutos ao sol e remover as asas cortando-as com tesoura.
Secagem: tolerante.
Armazenamento: < 1 ano.

SEMEADURA
Quebra de dormência: desnecessária.
Germinação esperada: 40% a 60%.
Tempo para emergência: 30 a 45 dias.

PRODUÇÃO DE MUDAS
Tolerância à repicagem: média.
Pragas e doenças: nada em particular.
Tempo de produção: 5 a 6 meses; *altura:* 15 a 30 cm; *diâmetro do colo:* > 2 mm.

Fruto: seco indeiscente, alado, dispersão anemocórica.

Semente: ortodoxa, sem dormência, 5.500 sementes/kg.

Face superior   Face inferior

0 1 2 3 cm

DETALHES MORFOLÓGICOS

Pontuações translúcidas

Myroxylon peruiferum
L. f.

FABACEAE
Cabreúva

Produção de sementes e mudas

COLETA DE SEMENTES
Período: setembro a novembro.
Técnica: coleta dos frutos de coloração marrom direto da árvore, com podão, quando outros frutos da árvore já tiverem começado a cair.
Altura média das matrizes: 10 a 15 m.

BENEFICIAMENTO
Técnica: secar os frutos ao sol e remover as asas cortando-as com tesoura.
Secagem: tolerante.
Armazenamento: < 1 ano.

SEMEADURA
Quebra de dormência: desnecessária.
Germinação esperada: 40% a 60%.
Tempo para emergência: 15 a 30 dias.

PRODUÇÃO DE MUDAS
Tolerância à repicagem: média.
Pragas e doenças: pulgão.
Tempo de produção: 5 a 6 meses; *altura:* 20 a 30 cm; *diâmetro do colo:* > 2 mm.

Fruto: seco indeiscente, alado, dispersão anemocórica.

Semente: ortodoxa, sem dormência, 2.250 sementes/kg.

Face superior

Face inferior

0　1　2　3 cm

DETALHES MORFOLÓGICOS

Glândulas translúcidas lineares

Ramos com lenticelas abundantes

Ormosia arborea
(Vell.) Harms

FABACEAE
Olho-de-cabra

Produção de sementes e mudas

COLETA DE SEMENTES
Período: setembro a novembro.
Técnica: coleta dos frutos de coloração marrom e ainda fechados direto da árvore, com podão, quando outros frutos da árvore já tiverem começado a se abrir, expondo as sementes com tegumento vermelho e preto.
Altura média das matrizes: 10 a 15 m.

BENEFICIAMENTO
Técnica: secar os frutos ao sol até abertura espontânea e separar as sementes manualmente, com auxílio de peneira.

Secagem: tolerante.
Armazenamento: > 1 ano.

SEMEADURA
Quebra de dormência: escarificação mecânica.
Germinação esperada: 40% a 60%.
Tempo para emergência: 15 a 30 dias.

PRODUÇÃO DE MUDAS
Tolerância à repicagem: alta.
Pragas e doenças: nada em particular.
Tempo de produção: 5 a 6 meses; *altura:* 15 a 30 cm; *diâmetro do colo:* > 2 mm.

Fruto: seco deiscente, semente mimética, dispersão zoocórica.

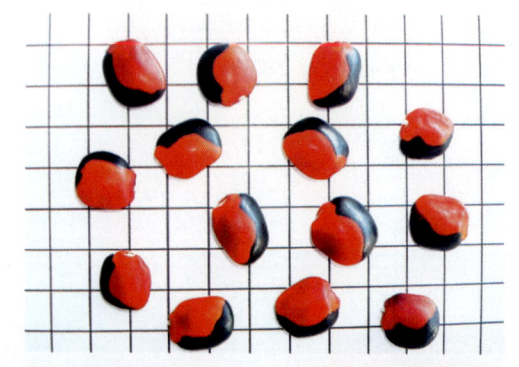

Semente: ortodoxa, tegumento impermeável, 750 sementes/kg.

Face superior

Face inferior

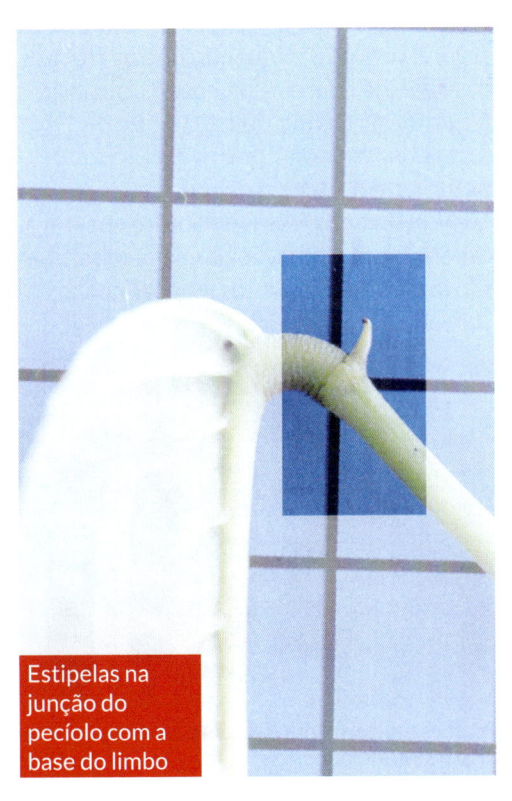

0 1 2 3 cm

DETALHES MORFOLÓGICOS

Folha glabra e par de estipelas

Estipelas na junção do pecíolo com a base do limbo

Parapiptadenia rigida
(Benth.) Brenan

FABACEAE
Guarucaia

Produção de sementes e mudas

COLETA DE SEMENTES
Período: julho a setembro.
Técnica: coleta dos frutos de coloração verde a marrom e ainda fechados direto da árvore, com podão, quando outros frutos da árvore já tiverem começado a se abrir.
Altura média das matrizes: 10 a 15 m.

BENEFICIAMENTO
Técnica: secar os frutos ao sol até abertura espontânea e liberação das sementes, que são separadas dos frutos manualmente, com auxílio de peneira.

Secagem: tolerante.
Armazenamento: > 1 ano.

SEMEADURA
Quebra de dormência: desnecessária.
Germinação esperada: 80% a 100%.
Tempo para emergência: < 15 dias.

PRODUÇÃO DE MUDAS
Tolerância à repicagem: alta.
Pragas e doenças: nada em particular.
Tempo de produção: 3 a 4 meses; *altura:* 20 a 30 cm; *diâmetro do colo:* > 3 mm.

Fruto: seco deiscente, semente alada, dispersão anemocórica.

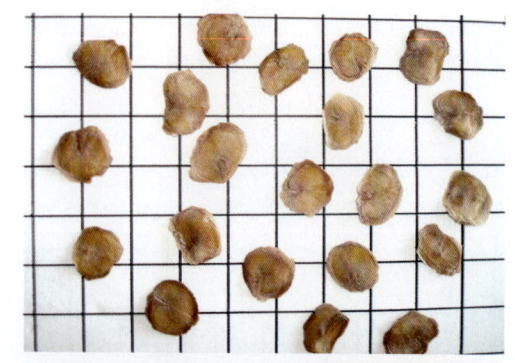

Semente: ortodoxa, sem dormência, 32.460 sementes/kg.

Face superior

Face inferior

0 1 2 3 cm

DETALHES MORFOLÓGICOS

Foliólulos grandes e alongados

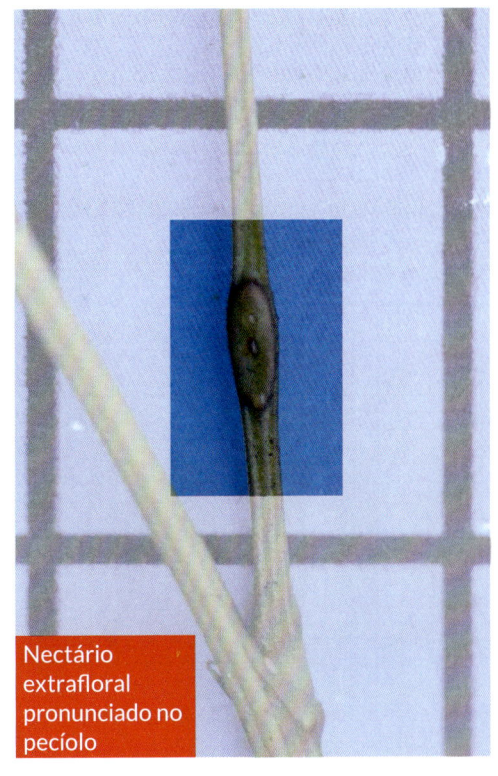

Nectário extrafloral pronunciado no pecíolo

Peltophorum dubium (Spreng.) Taub.

FABACEAE
Canafístula

Produção de sementes e mudas

COLETA DE SEMENTES
Período: maio a julho.
Técnica: coleta dos frutos de coloração marrom-escura direto da árvore, com podão, quando outros frutos da árvore já tiverem começado a cair.
Altura média das matrizes: 10 a 15 m.

BENEFICIAMENTO
Técnica: secar os frutos ao sol e esfregá-los em uma peneira para separação das sementes.
Secagem: tolerante.
Armazenamento: > 1 ano.

SEMEADURA
Quebra de dormência: imersão em ácido sulfúrico concentrado por 15 minutos.
Germinação esperada: 80% a 100%.
Tempo para emergência: < 15 dias.

PRODUÇÃO DE MUDAS
Tolerância à repicagem: alta.
Pragas e doenças: seca do ponteiro.
Tempo de produção: 3 a 4 meses; *altura:* 20 a 30 cm; *diâmetro do colo:* > 3 mm.

Fruto: seco indeiscente, alado, dispersão anemocórica.

Semente: ortodoxa, tegumento impermeável, 19.250 sementes/kg.

Face superior

Face inferior

0 1 2 3 cm

DETALHES MORFOLÓGICOS

Tricomas nos ramos, conferindo textura áspera

Estípulas compridas e finas

Piptadenia gonoacantha
(Mart.) J. F. Macbr.

FABACEAE
Pau-jacaré

Produção de sementes e mudas

COLETA DE SEMENTES
Período: agosto a outubro.
Técnica: coleta dos frutos de coloração verde a marrom e ainda fechados direto da árvore, com podão, quando outros frutos da árvore já tiverem começado a se abrir.
Altura média das matrizes: 10 a 15 m.

BENEFICIAMENTO
Técnica: secar os frutos ao sol até abertura espontânea e liberação das sementes, que são separadas dos frutos manualmente, com auxílio de peneira.

Secagem: tolerante.
Armazenamento: < 1 ano.

SEMEADURA
Quebra de dormência: desnecessária.
Germinação esperada: 80% a 100%.
Tempo para emergência: < 15 dias.

PRODUÇÃO DE MUDAS
Tolerância à repicagem: alta.
Pragas e doenças: seca do ponteiro.
Tempo de produção: 3 a 4 meses; *altura:* 20 a 30 cm; *diâmetro do colo:* > 3 mm.

Fruto: seco deiscente, dispersão autocórica.

Semente: ortodoxa, sem dormência, 21.430 sementes/kg.

Face superior

Face inferior

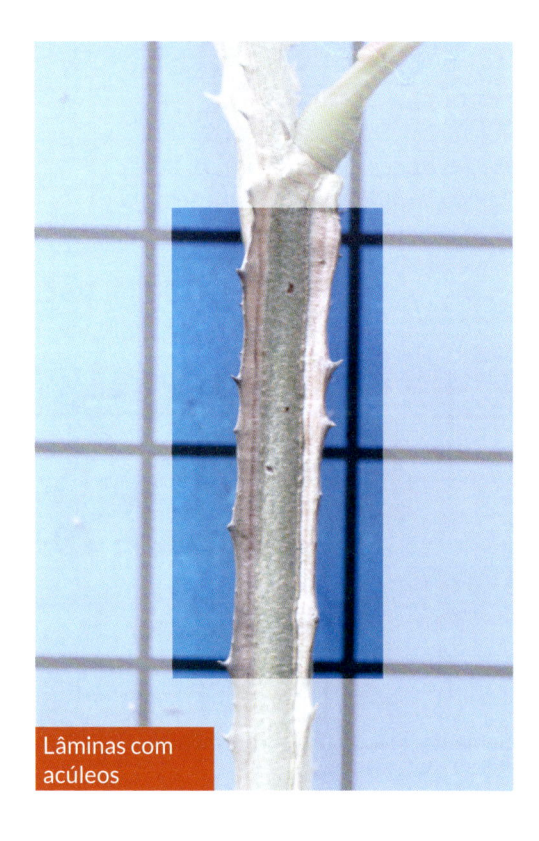

0 1 2 3 cm

DETALHES MORFOLÓGICOS

Lâminas com acúleos

Acúleos na raque

Plathymenia reticulata Benth.

FABACEAE
Vinhático

Produção de sementes e mudas

COLETA DE SEMENTES
Período: julho a setembro.
Técnica: coleta dos frutos de coloração verde a marrom-clara direto da árvore, com podão, quando outros frutos da árvore já tiverem começado a cair.
Altura média das matrizes: 5 a 10 m.

BENEFICIAMENTO
Técnica: separar manualmente as sementes das vagens.
Secagem: tolerante.
Armazenamento: > 1 ano.

SEMEADURA
Quebra de dormência: desnecessária.
Germinação esperada: 80% a 100%.
Tempo para emergência: 15 a 30 dias.

PRODUÇÃO DE MUDAS
Tolerância à repicagem: baixa.
Pragas e doenças: nada em particular.
Tempo de produção: 3 a 4 meses; *altura:* 15 a 25 cm; *diâmetro do colo:* > 2 mm.

Fruto: seco indeiscente, alado, dispersão anemocórica.

Semente: ortodoxa, sem dormência, 9.500 sementes/kg.

Face superior

Face inferior

0   1   2   3 cm

DETALHES MORFOLÓGICOS

Extremidade do folíolo curvada para dentro

Platycyamus regnellii Benth.

FABACEAE
Pau-pereira

Produção de sementes e mudas

COLETA DE SEMENTES
Período: julho a setembro.
Técnica: coleta dos frutos de coloração marrom-escura direto da árvore, com podão, quando outros frutos da árvore já tiverem começado a cair.
Altura média das matrizes: 15 a 20 m.

BENEFICIAMENTO
Técnica: secar os frutos ao sol e extrair as sementes quebrando o fruto manualmente.
Secagem: tolerante.
Armazenamento: < 1 ano.

SEMEADURA
Quebra de dormência: desnecessária.
Germinação esperada: 80% a 100%.
Tempo para emergência: < 15 dias.

PRODUÇÃO DE MUDAS
Tolerância à repicagem: baixa.
Pragas e doenças: nada em particular.
Tempo de produção: 3 a 4 meses; *altura:* 15 a 25 cm; *diâmetro do colo:* > 3 mm.

Fruto: seco deiscente, semente alada, dispersão anemocórica.

Semente: ortodoxa, sem dormência, 2.200 sementes/kg.

Face superior

Face inferior

0 1 2 3 cm

DETALHES MORFOLÓGICOS

Nervação reticulada

Engrossamento da base do pecíolo

Platypodium elegans Benth.

FABACEAE
Amendoim-do-campo

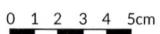

Produção de sementes e mudas

COLETA DE SEMENTES
Período: agosto a outubro.
Técnica: coleta dos frutos de coloração marrom-escura direto da árvore, com podão, quando outros frutos da árvore já tiverem começado a cair.
Altura média das matrizes: 5 a 10 m.

BENEFICIAMENTO
Técnica: secar os frutos ao sol e remover as asas cortando-as com tesoura.
Secagem: tolerante.
Armazenamento: < 1 ano.

SEMEADURA
Quebra de dormência: desnecessária.
Germinação esperada: 40% a 60%.
Tempo para emergência: 15 a 30 dias.

PRODUÇÃO DE MUDAS
Tolerância à repicagem: alta.
Pragas e doenças: nada em particular.
Tempo de produção: 3 a 4 meses; *altura:* 15 a 20 cm; *diâmetro do colo:* > 2 mm.

Fruto: seco indeiscente, alado, dispersão anemocórica.

Semente: ortodoxa, sem dormência, 930 sementes/kg.

Face superior   Face inferior

0   1   2   3 cm

DETALHES MORFOLÓGICOS

Face inferior do folíolo pilosa

Folhas discolores

Face superior do folíolo glabra, com nervuras secundárias bem evidentes, com disposição ascendente

Poecilanthe parviflora Benth.

FABACEAE
Lapacho

Produção de sementes e mudas

COLETA DE SEMENTES
Período: maio a julho.
Técnica: coleta dos frutos de coloração marrom e ainda fechados direto da árvore, com podão, quando outros frutos da árvore já tiverem começado a cair.
Altura média das matrizes: 5 a 10 m.

BENEFICIAMENTO
Técnica: secar os frutos ao sol até abertura espontânea e liberação das sementes, que são separadas dos frutos manualmente, com auxílio de peneira.

Fruto: seco deiscente, dispersão autocórica.

Secagem: tolerante.
Armazenamento: < 1 ano.

SEMEADURA
Quebra de dormência: desnecessária.
Germinação esperada: 80% a 100%.
Tempo para emergência: < 15 dias.

PRODUÇÃO DE MUDAS
Tolerância à repicagem: média.
Pragas e doenças: nada em particular.
Tempo de produção: 5 a 6 meses; *altura:* 20 a 40 cm; *diâmetro do colo:* > 2 mm.

Semente: ortodoxa, sem dormência, 2.800 sementes/kg.

Face superior

Face inferior

0　1　2　3 cm

DETALHES MORFOLÓGICOS

Estipelas

Pterocarpus rohrii Vahl

FABACEAE
Pau-sangue

Produção de sementes e mudas

COLETA DE SEMENTES
Período: maio a julho.
Técnica: coleta dos frutos de coloração marrom e já secos direto da árvore, com podão, quando outros frutos da árvore já tiverem começado a cair.
Altura média das matrizes: 5 a 10 m.

BENEFICIAMENTO
Técnica: secar os frutos ao sol e remover as asas cortando-as com tesoura ou esfregando os frutos em peneira.
Secagem: tolerante.
Armazenamento: > 1 ano.

SEMEADURA
Quebra de dormência: desnecessária.
Germinação esperada: < 20%.
Tempo para emergência: 15 a 30 dias.

PRODUÇÃO DE MUDAS
Tolerância à repicagem: média.
Pragas e doenças: nada em particular.
Tempo de produção: 3 a 4 meses; *altura:* 20 a 30 cm; *diâmetro do colo:* > 2 mm.

Fruto: seco indeiscente, alado, dispersão anemocórica.

Semente: ortodoxa, sem dormência, 1.100 sementes/kg.

Face superior   Face inferior

0 1 2 3 cm

DETALHES MORFOLÓGICOS

Engrossamento do pecíolo do folíolo

Pterogyne nitens
Tul.

FABACEAE
Amendoim-bravo

Produção de sementes e mudas

COLETA DE SEMENTES
Período: maio a junho.
Técnica: coleta dos frutos de coloração marrom e já secos direto da árvore, com podão, quando outros frutos da árvore já tiverem começado a cair.
Altura média das matrizes: 10 a 15 m.

BENEFICIAMENTO
Técnica: secar os frutos à sombra e esfregá-los em peneira para remoção das asas.
Secagem: tolerante.
Armazenamento: > 1 ano.

SEMEADURA
Quebra de dormência: desnecessária.
Germinação esperada: 80% a 100%.
Tempo para emergência: < 15 dias.

PRODUÇÃO DE MUDAS
Tolerância à repicagem: média.
Pragas e doenças: lagarta desfolhadora.
Tempo de produção: 3 a 4 meses; *altura:* 15 a 20 cm; *diâmetro do colo:* > 3 mm.

Fruto: seco indeiscente, alado, dispersão anemocórica.

Semente: ortodoxa, sem dormência, 10.500 sementes/kg.

Face superior · Face inferior

0 1 2 3 cm

DETALHES MORFOLÓGICOS

Prolongamento da raque

Raque caniculada

Schizolobium parahyba var. *parahyba* (Vell.) Blake

FABACEAE
Guapuruvu

Produção de sementes e mudas

COLETA DE SEMENTES
Período: julho a setembro.
Técnica: coleta dos frutos de coloração marrom e ainda fechados direto da árvore, com podão, quando outros frutos da árvore já tiverem começado a cair.
Altura média das matrizes: > 25 m.

BENEFICIAMENTO
Técnica: secar os frutos ao sol até abertura espontânea e liberação das sementes, que são separadas dos frutos manualmente, com auxílio de peneira.
Secagem: tolerante.
Armazenamento: > 1 ano.

SEMEADURA
Quebra de dormência: escarificação mecânica.
Germinação esperada: 80% a 100%.
Tempo para emergência: < 15 dias.

PRODUÇÃO DE MUDAS
Tolerância à repicagem: alta.
Pragas e doenças: nada em particular.
Tempo de produção: 3 a 4 meses; *altura:* 20 a 40 cm; *diâmetro do colo:* > 3 mm.

Fruto: seco deiscente, semente alada, dispersão anemocórica.

Semente: ortodoxa, tegumento impermeável, 569 sementes/kg.

Face superior

Face inferior

0 1 2 3 cm

DETALHES MORFOLÓGICOS

Ramos pegajosos

Pecíolo e raque avermelhados

Senegalia polyphylla
(DC.) Britton & Rose

FABACEAE
Monjoleiro

Produção de sementes e mudas

COLETA DE SEMENTES
Período: agosto a outubro.
Técnica: coleta dos frutos de coloração marrom e ainda fechados direto da árvore, com podão, quando outros frutos da árvore já tiverem começado a se abrir.
Altura média das matrizes: 5 a 10 m.

BENEFICIAMENTO
Técnica: secar os frutos ao sol até abertura espontânea e liberação das sementes, que são separadas dos frutos manualmente, com auxílio de peneira.

Secagem: tolerante.
Armazenamento: > 1 ano.

SEMEADURA
Quebra de dormência: desnecessária.
Germinação esperada: 80% a 100%.
Tempo para emergência: < 15 dias.

PRODUÇÃO DE MUDAS
Tolerância à repicagem: alta.
Pragas e doenças: nada em particular.
Tempo de produção: 3 a 4 meses; *altura:* 10 a 20 cm; *diâmetro do colo:* > 3 mm.

Fruto: seco deiscente, dispersão autocórica.

Semente: ortodoxa, sem dormência, 9.450 sementes/kg.

Face superior Face inferior

0 1 2 3 cm

DETALHES MORFOLÓGICOS

Glândula no pecíolo

Acúleos na raque e ramos

Senna alata
(L.) Roxb.

FABACEAE
Fedegoso-gigante

Produção de sementes e mudas

COLETA DE SEMENTES
Período: outubro a dezembro.
Técnica: coleta dos frutos de coloração marrom e ainda fechados direto da árvore, com podão, quando outros frutos da árvore já tiverem começado a se abrir.
Altura média das matrizes: < 5 m.

BENEFICIAMENTO
Técnica: secar os frutos ao sol até abertura espontânea e liberação das sementes, que são separadas dos frutos manualmente, com auxílio de peneira.

Secagem: tolerante.
Armazenamento: > 1 ano.

SEMEADURA
Quebra de dormência: desnecessária.
Germinação esperada: 80% a 100%.
Tempo para emergência: < 15 dias.

PRODUÇÃO DE MUDAS
Tolerância à repicagem: alta.
Pragas e doenças: nada em particular.
Tempo de produção: 3 a 4 meses; *altura:* 20 a 40 cm; *diâmetro do colo:* > 3 mm.

Fruto: seco deiscente, dispersão autocórica.

Semente: ortodoxa, sem dormência, 35.000 sementes/kg.

Face superior

Face inferior

0 1 2 3 cm

DETALHES MORFOLÓGICOS

Raque alada

Folíolos ovais e estípulas compridas

Prolongamento da raque

Senna macranthera
(DC. ex Collad.) H. S. Irwin & Barneby

FABACEAE
Manduirana

Produção de sementes e mudas

COLETA DE SEMENTES
Período: junho a agosto.
Técnica: coleta dos frutos de coloração marrom-escura e ainda fechados direto da árvore, com podão, quando outros frutos da árvore já tiverem começado a se abrir.
Altura média das matrizes: 5 a 10 m.

BENEFICIAMENTO
Técnica: secar os frutos ao sol até abertura espontânea e separar as sementes manualmente, com auxílio de peneira.
Secagem: tolerante.
Armazenamento: > 1 ano.

SEMEADURA
Quebra de dormência: imersão em ácido sulfúrico concentrado por 5 minutos.
Germinação esperada: 40% a 60%.
Tempo para emergência: < 15 dias.

PRODUÇÃO DE MUDAS
Tolerância à repicagem: média.
Pragas e doenças: mancha nas folhas.
Tempo de produção: 3 a 4 meses; *altura:* 15 a 25 cm; *diâmetro do colo:* > 2 mm.

Fruto: seco indeiscente, dispersão zoocórica.

Semente: ortodoxa, tegumento impermeável, 29.100 sementes/kg.

Face superior

Face inferior

0 1 2 3 cm

DETALHES MORFOLÓGICOS

Glândulas na base dos folíolos

Folhas discolores, com pilosidade na face inferior

Senna multijuga
(Rich.) H. S. Irwin & Barneby

FABACEAE
Pau-cigarra

Produção de sementes e mudas

COLETA DE SEMENTES
Período: maio a julho.
Técnica: coleta dos frutos de coloração marrom-escura e ainda fechados direto da árvore, com podão, quando outros frutos da árvore já tiverem começado a se abrir.
Altura média das matrizes: 5 a 10 m.

BENEFICIAMENTO
Técnica: Os frutos devem secar ao sol. Separar as sementes manualmente.
Secagem: tolerante.
Armazenamento: > 1 ano.

SEMEADURA
Quebra de dormência: imersão em ácido sulfúrico concentrado por 3 minutos.
Germinação esperada: 60% a 80%.
Tempo para emergência: < 15 dias.

PRODUÇÃO DE MUDAS
Tolerância à repicagem: alta.
Pragas e doenças: nada em particular.
Tempo de produção: 3 a 4 meses; *altura:* 20 a 30 cm; *diâmetro do colo:* > 2 mm.

Fruto: seco indeiscente, alado, dispersão anemocórica.

Semente: ortodoxa, sem dormência, 72.900 sementes/kg.

Face superior

Face inferior

0　1　2　3 cm

DETALHES MORFOLÓGICOS

Estípulas finas e alongadas

Glândulas em raque caniculada

Senna pendula
(Humb. & Bonpl. ex Willd.)
H. S. Irwin & Barneby

FABACEAE
Piteira

Produção de sementes e mudas

COLETA DE SEMENTES
Período: junho a agosto.
Técnica: coleta dos frutos de coloração marrom e ainda fechados direto da árvore, com podão, quando outros frutos da árvore já tiverem começado a se abrir.
Altura média das matrizes: < 5 m.

BENEFICIAMENTO
Técnica: secar os frutos ao sol até abertura espontânea e liberação das sementes, que são separadas dos frutos manualmente, com auxílio de peneira.

Secagem: tolerante.
Armazenamento: > 1 ano.

SEMEADURA
Quebra de dormência: desnecessária.
Germinação esperada: 60% a 80%.
Tempo para emergência: < 15 dias.

PRODUÇÃO DE MUDAS
Tolerância à repicagem: alta.
Pragas e doenças: nada em particular.
Tempo de produção: 2 a 3 meses; *altura:* 20 a 40 cm; *diâmetro do colo:* > 3 mm.

Fruto: seco deiscente, dispersão autocórica.

Semente: ortodoxa, sem dormência, 51.000 sementes/kg.

Face superior   Face inferior

0   1   2   3 cm

DETALHES MORFOLÓGICOS

Glândula na base dos folíolos

Folhas discolores

Stryphnodendron adstringens
(Mart.) Coville

FABACEAE
Barbatimão

Produção de sementes e mudas

COLETA DE SEMENTES
Período: agosto a outubro.
Técnica: coleta dos frutos de coloração marrom-escura e ainda fechados direto da árvore, com podão, quando outros frutos da árvore já tiverem começado a se abrir.
Altura média das matrizes: 5 a 10 m.

BENEFICIAMENTO
Técnica: secar os frutos ao sol até abertura espontânea e liberação das sementes, que são separadas dos frutos manualmente, com auxílio de peneira.

Secagem: tolerante.
Armazenamento: > 1 ano.

SEMEADURA
Quebra de dormência: imersão em ácido sulfúrico concentrado por 3 minutos.
Germinação esperada: 60% a 80%.
Tempo para emergência: < 15 dias.

PRODUÇÃO DE MUDAS
Tolerância à repicagem: baixa.
Pragas e doenças: nada em particular.
Tempo de produção: 3 a 4 meses; *altura:* 15 a 20 cm; *diâmetro do colo:* > 2 mm.

Fruto: seco deiscente, dispersão autocórica.

Semente: ortodoxa, tegumento impermeável, 8.700 sementes/kg.

Face superior

Face inferior

0 1 2 3 cm

DETALHES MORFOLÓGICOS

Tricomas recobrindo as brotações e ramos jovens

Folíolos assimétricos, arredondados

Lacistema hasslerianum Chodat

LACISTEMATACEAE
Espeteiro-do-campo

Produção de sementes e mudas

COLETA DE SEMENTES
Período: outubro a dezembro.
Técnica: coleta dos frutos de coloração marrom e ainda fechados direto da árvore, com podão, quando outros frutos da árvore já tiverem começado a se abrir.
Altura média das matrizes: 5 a 10 m.

BENEFICIAMENTO
Técnica: secar os frutos à sombra até se abrirem espontaneamente, separar as sementes manualmente e esfregá-las em peneira sob água corrente para remoção do arilo.

Secagem: intolerante.
Armazenamento: < 6 meses.

SEMEADURA
Quebra de dormência: desnecessária.
Germinação esperada: 60% a 80%.
Tempo para emergência: 15 a 30 dias.

PRODUÇÃO DE MUDAS
Tolerância à repicagem: média.
Pragas e doenças: nada em particular.
Tempo de produção: 3 a 4 meses; *altura:* 20 a 30 cm; *diâmetro do colo:* > 3 mm.

Fruto: seco deiscente, semente com arilo, dispersão zoocórica.

Semente: recalcitrante, sem dormência, 90.000 sementes/kg.

Face superior

Face inferior

DETALHES MORFOLÓGICOS

Estípula terminal avermelhada

Cicatriz da estípula

Bordo levemente serreado

Aegiphila integrifolia
(Jacq.) Moldenke

LAMIACEAE
Tamanqueiro

Produção de sementes e mudas

COLETA DE SEMENTES
Período: fevereiro a abril.
Técnica: coleta dos frutos de coloração vermelha direto da árvore, com podão.
Altura média das matrizes: 5 a 10 m.

BENEFICIAMENTO
Técnica: esfregar os frutos em peneira sob água corrente para a remoção da polpa e separação das sementes.
Secagem: tolerante.
Armazenamento: > 1 ano.

SEMEADURA
Quebra de dormência: desnecessária.
Germinação esperada: 80% a 100%.
Tempo para emergência: 15 a 30 dias.

PRODUÇÃO DE MUDAS
Tolerância à repicagem: alta.
Pragas e doenças: nada em particular.
Tempo de produção: 3 a 4 meses; *altura:* 15 a 25 cm; *diâmetro do colo:* > 3 mm.

Fruto: carnoso, dispersão zoocórica.

Semente: ortodoxa, sem dormência, 29.180 sementes/kg.

Face superior

Face inferior

0 1 2 3 cm

DETALHES MORFOLÓGICOS

Caule quadrangular, com pilosidade ferrugínea

Borda da folha serreada

Aegiphila verticillata Cham.

LAMIACEAE
Tamanqueiro-do-cerrado

Produção de sementes e mudas

COLETA DE SEMENTES
Período: fevereiro a abril.
Técnica: coleta dos frutos de coloração vermelha direto da árvore, com podão.
Altura média das matrizes: < 5 m.

BENEFICIAMENTO
Técnica: esfregar os frutos em peneira sob água corrente para a remoção da polpa e separação das sementes.
Secagem: tolerante.
Armazenamento: > 1 ano.

SEMEADURA
Quebra de dormência: desnecessária.
Germinação esperada: 80% a 100%.
Tempo para emergência: 15 a 30 dias.

PRODUÇÃO DE MUDAS
Tolerância à repicagem: alta.
Pragas e doenças: nada em particular.
Tempo de produção: 3 a 4 meses; *altura:* 15 a 25 cm; *diâmetro do colo:* > 3 mm.

Fruto: carnoso, dispersão zoocórica.

Semente: ortodoxa, sem dormência, 29.000 sementes/kg.

Face superior

Face inferior

0　1　2　3 cm

DETALHES MORFOLÓGICOS

Pilosidade abundante na face inferior da folha

Vitex megapotamica (Spreng.) Moldenke

LAMIACEAE
Tarumã

Produção de sementes e mudas

COLETA DE SEMENTES
Período: fevereiro a abril.
Técnica: coleta dos frutos de coloração roxa direto da árvore, com podão, quando outros frutos da árvore já tiverem começado a cair.
Altura média das matrizes: 5 a 10 m.

BENEFICIAMENTO
Técnica: esfregar os frutos em peneira sob água corrente para a remoção da polpa e separação das sementes.
Secagem: tolerante.
Armazenamento: > 1 ano.

SEMEADURA
Quebra de dormência: desnecessária.
Germinação esperada: 60% a 80%.
Tempo para emergência: 15 a 30 dias.

PRODUÇÃO DE MUDAS
Tolerância à repicagem: alta.
Pragas e doenças: nada em particular.
Tempo de produção: 3 a 4 meses; *altura:* 15 a 20 cm; *diâmetro do colo:* > 3 mm.

Fruto: carnoso, dispersão zoocórica.

Semente: ortodoxa, sem dormência, 2.600 sementes/kg.

Face superior | Face inferior

0 1 2 3 cm

DETALHES MORFOLÓGICOS

Bases dos folíolos não se encontram

Caule com seção quadrangular

Vitex polygama Cham.

LAMIACEAE
Maria-preta

Produção de sementes e mudas

COLETA DE SEMENTES
Período: fevereiro a abril.
Técnica: coleta dos frutos de coloração roxa direto da árvore, com podão, quando outros frutos da árvore já tiverem começado a cair.
Altura média das matrizes: 5 a 10 m.

BENEFICIAMENTO
Técnica: esfregar os frutos em peneira sob água corrente para a remoção da polpa e separação das sementes.
Secagem: tolerante.
Armazenamento: > 1 ano.

SEMEADURA
Quebra de dormência: desnecessária.
Germinação esperada: 60% a 80%.
Tempo para emergência: 15 a 30 dias.

PRODUÇÃO DE MUDAS
Tolerância à repicagem: alta.
Pragas e doenças: nada em particular.
Tempo de produção: 3 a 4 meses; *altura:* 15 a 20 cm; *diâmetro do colo:* > 3 mm.

Fruto: carnoso, dispersão zoocórica.

Semente: ortodoxa, sem dormência, 2.150 sementes/kg.

Face superior   Face inferior

0 1 2 3 cm

DETALHES MORFOLÓGICOS

Pilosidade ferrugínea abundante nos ramos

Pilosidade ferrugínea abundante nas folhas

Bases dos folíolos se encontram no ápice do pecíolo

Cryptocarya aschersoniana
Mez

LAURACEAE
Canela-batalha

Produção de sementes e mudas

COLETA DE SEMENTES
Período: fevereiro a abril.
Técnica: coleta dos frutos de coloração amarela direto da árvore, com podão, quando outros frutos da árvore já tiverem começado a cair.
Altura média das matrizes: 10 a 15 m.

BENEFICIAMENTO
Técnica: esfregar os frutos em peneira sob água corrente para a remoção da polpa e separação das sementes.
Secagem: intolerante.
Armazenamento: < 6 meses.

SEMEADURA
Quebra de dormência: desnecessária.
Germinação esperada: 40% a 60%.
Tempo para emergência: 30 a 45 dias.

PRODUÇÃO DE MUDAS
Tolerância à repicagem: alta.
Pragas e doenças: nada em particular.
Tempo de produção: 3 a 4 meses; *altura:* 15 a 20 cm; *diâmetro do colo:* > 2 mm.

Fruto: carnoso, dispersão zoocórica.

Semente: recalcitrante, sem dormência, 540 sementes/kg.

Face superior Face inferior

0 1 2 3 cm

DETALHES MORFOLÓGICOS

Brotação avermelhada e lustrosa

Nectandra megapotamica
(Spreng.) Mez

LAURACEAE
Canelinha

Produção de sementes e mudas

COLETA DE SEMENTES
Período: dezembro a fevereiro.
Técnica: coleta dos frutos de coloração verde passando para o preto direto da árvore, com podão, quando outros frutos da árvore já tiverem começado a cair.
Altura média das matrizes: 10 a 15 m.

BENEFICIAMENTO
Técnica: esfregar os frutos em peneira sob água corrente para a remoção da polpa e separação das sementes.
Secagem: intolerante.
Armazenamento: < 1 semana.

SEMEADURA
Quebra de dormência: desnecessária.
Germinação esperada: 60% a 80%.
Tempo para emergência: 15 a 30 dias.

PRODUÇÃO DE MUDAS
Tolerância à repicagem: baixa.
Pragas e doenças: cochonilha.
Tempo de produção: 5 a 6 meses; *altura:* 20 a 30 cm; *diâmetro do colo:* > 3 mm.

Fruto: carnoso, dispersão zoocórica.

Semente: recalcitrante, sem dormência, 3.600 sementes/kg.

Face superior · Face inferior

0 1 2 3 cm

DETALHES MORFOLÓGICOS

Ramos glabros

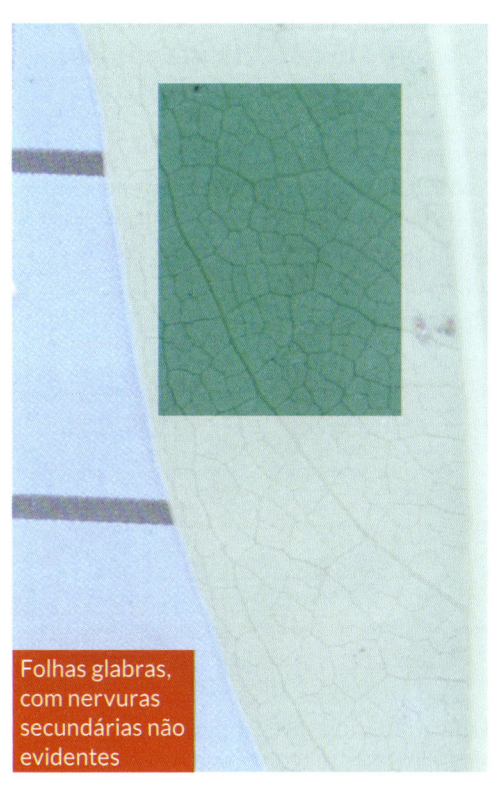

Folhas glabras, com nervuras secundárias não evidentes

Ocotea odorifera (Vell.) Rohwer

LAURACEAE
Canela-sassafrás

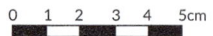

Produção de sementes e mudas

COLETA DE SEMENTES
Período: janeiro a março.
Técnica: coleta dos frutos de coloração verde passando para o preto direto da árvore, com podão, quando outros frutos da árvore já tiverem começado a cair.
Altura média das matrizes: 15 a 20 m.

BENEFICIAMENTO
Técnica: esfregar os frutos em peneira sob água corrente para a remoção da polpa e separação das sementes.
Secagem: intolerante.
Armazenamento: < 1 semana.

SEMEADURA
Quebra de dormência: desnecessária.
Germinação esperada: 40% a 60%.
Tempo para emergência: 30 a 45 dias.

PRODUÇÃO DE MUDAS
Tolerância à repicagem: baixa.
Pragas e doenças: nada em particular.
Tempo de produção: 4 a 5 meses; *altura:* 15 a 30 cm; *diâmetro do colo:* > 2 mm.

Fruto: carnoso, dispersão zoocórica.

Semente: recalcitrante, sem dormência, 450 sementes/kg.

Face superior

Face inferior

0 1 2 3 cm

DETALHES MORFOLÓGICOS

Folhas concentradas no ápice dos ramos

Folha coriácea, com nervação amarela destacada

Cariniana estrellensis
(Raddi) Kuntze

LECYTHIDACEAE
Jequitibá-branco

Produção de sementes e mudas

COLETA DE SEMENTES
Período: julho a setembro.
Técnica: coleta dos frutos de coloração marrom e ainda fechados direto da árvore, com podão, quando outros frutos da árvore já tiverem começado a se abrir.
Altura média das matrizes: > 25 m.

BENEFICIAMENTO
Técnica: secar os frutos ao sol até abertura espontânea e liberação das sementes, que são separadas dos frutos manualmente, com auxílio de peneira.

Fruto: seco deiscente, semente alada, dispersão anemocórica.

Secagem: tolerante.
Armazenamento: > 1 ano.

SEMEADURA
Quebra de dormência: desnecessária.
Germinação esperada: 80% a 100%.
Tempo para emergência: 15 a 30 dias.

PRODUÇÃO DE MUDAS
Tolerância à repicagem: média.
Pragas e doenças: nada em particular.
Tempo de produção: 3 a 4 meses; *altura:* 20 a 30 cm; *diâmetro do colo:* > 3 mm.

Semente: ortodoxa, sem dormência, 11.100 sementes/kg.

Face superior

Face inferior

0 1 2 3 cm

DETALHES MORFOLÓGICOS

Pilosidade nos ramos e folhas

Bordo das folhas serreado

Cariniana legalis
(Mart.) Kuntze

LECYTHIDACEAE
Jequitibá-rosa

Produção de sementes e mudas

COLETA DE SEMENTES
Período: julho a setembro.
Técnica: coleta dos frutos de coloração marrom e ainda fechados direto da árvore, com podão, quando outros frutos da árvore já tiverem começado a se abrir.
Altura média das matrizes: > 25 m.

BENEFICIAMENTO
Técnica: secar os frutos ao sol até abertura espontânea e liberação das sementes, que são separadas dos frutos manualmente, com auxílio de peneira.

Secagem: tolerante.
Armazenamento: > 1 ano.

SEMEADURA
Quebra de dormência: desnecessária.
Germinação esperada: 80% a 100%.
Tempo para emergência: 15 a 30 dias.

PRODUÇÃO DE MUDAS
Tolerância à repicagem: média.
Pragas e doenças: nada em particular.
Tempo de produção: 3 a 4 meses; *altura:* 20 a 30 cm; *diâmetro do colo:* > 3 mm.

Fruto: seco deiscente, semente alada, dispersão anemocórica.

Semente: ortodoxa, sem dormência, 25.670 sementes/kg.

Face superior

Face inferior

0 1 2 3 cm

DETALHES MORFOLÓGICOS

Limbo com base revoluta

Folha glabra, com borda lisa

Lafoensia glyptocarpa Koehne

LYTHRACEAE
Mirindiba-rosa

Produção de sementes e mudas

COLETA DE SEMENTES
Período: junho a agosto.
Técnica: coleta dos frutos de coloração marrom e ainda fechados direto da árvore, com podão, quando outros frutos da árvore já tiverem começado a se abrir.
Altura média das matrizes: 10 a 15 m.

BENEFICIAMENTO
Técnica: secar os frutos ao sol até abertura espontânea e liberação das sementes, que são separadas dos frutos manualmente, com auxílio de peneira.

Secagem: tolerante.
Armazenamento: > 1 ano.

SEMEADURA
Quebra de dormência: desnecessária.
Germinação esperada: 80% a 100%.
Tempo para emergência: < 15 dias.

PRODUÇÃO DE MUDAS
Tolerância à repicagem: alta.
Pragas e doenças: nada em particular.
Tempo de produção: 3 a 4 meses; *altura:* 20 a 30 cm; *diâmetro do colo:* > 3 mm.

Fruto: seco deiscente, semente alada, dispersão anemocórica.

Semente: ortodoxa, sem dormência, 40.500 sementes/kg.

Face superiorFace inferior

0　　1　　2　　3 cm

DETALHES MORFOLÓGICOS

Glândulas no ápice das folhas

"Falsas" estípulas

Lafoensia pacari
A. St.-Hil.

LYTHRACEAE
Dedaleiro

Produção de sementes e mudas

COLETA DE SEMENTES
Período: abril a junho.
Técnica: coleta dos frutos de coloração marrom e ainda fechados direto da árvore, com podão, quando outros frutos da árvore já tiverem começado a se abrir.
Altura média das matrizes: 5 a 10 m.

BENEFICIAMENTO
Técnica: secar os frutos ao sol até abertura espontânea e liberação das sementes, que são separadas dos frutos manualmente, com auxílio de peneira.

Secagem: tolerante.
Armazenamento: > 1 ano.

SEMEADURA
Quebra de dormência: desnecessária.
Germinação esperada: 80% a 100%.
Tempo para emergência: < 15 dias.

PRODUÇÃO DE MUDAS
Tolerância à repicagem: alta.
Pragas e doenças: pulgão.
Tempo de produção: 3 a 4 meses; *altura:* 20 a 40 cm; *diâmetro do colo:* > 3 mm.

Fruto: seco deiscente, semente alada, dispersão anemocórica.

Semente: ortodoxa, sem dormência, 41.700 sementes/kg.

Face superior Face inferior

0 1 2 3 cm

DETALHES MORFOLÓGICOS

Glândula na ponta da folha

Magnolia ovata
(A. St.-Hil.) Spreng.

MAGNOLIACEAE
Pinha-do-brejo

Produção de sementes e mudas

COLETA DE SEMENTES
Período: junho a agosto.
Técnica: coleta dos frutos de coloração verde e ainda fechados ou já com algumas rachaduras direto da árvore, com podão, quando outros frutos da árvore já tiverem começado a se abrir, expondo as sementes com arilo vermelho.
Altura média das matrizes: 10 a 15 m.

BENEFICIAMENTO
Técnica: secar os frutos à sombra até se abrirem espontaneamente, separar as sementes manualmente e esfregá-las em peneira sob água corrente para remoção do arilo.

Secagem: intolerante.
Armazenamento: < 6 meses.

SEMEADURA
Quebra de dormência: desnecessária.
Germinação esperada: 60% a 80%.
Tempo para emergência: 30 a 45 dias.

PRODUÇÃO DE MUDAS
Tolerância à repicagem: alta.
Pragas e doenças: nada em particular.
Tempo de produção: 3 a 4 meses; *altura:* 20 a 30 cm; *diâmetro do colo:* > 3 mm.

Fruto: seco deiscente, semente com arilo, dispersão zoocórica.

Semente: recalcitrante, sem dormência, 10.250 sementes/kg.

Face superior

Face inferior

0　1　2　3 cm

DETALHES MORFOLÓGICOS

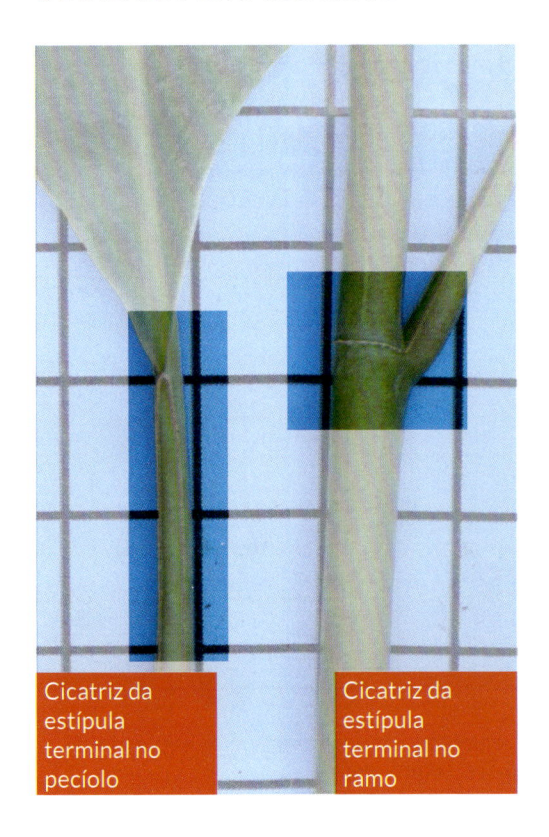

Cicatriz da estípula terminal no pecíolo

Cicatriz da estípula terminal no ramo

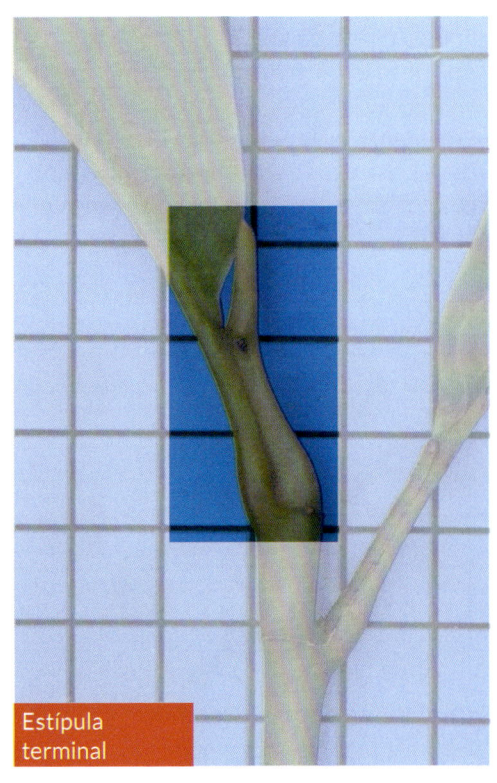

Estípula terminal

Byrsonima sericea
DC.

MALPIGHIACEAE
Murici

Produção de sementes e mudas

COLETA DE SEMENTES
Período: fevereiro a abril.
Técnica: coleta dos frutos de coloração amarela direto da árvore, com podão.
Altura média das matrizes: 5 a 10 m.

BENEFICIAMENTO
Técnica: esfregar os frutos em peneira sob água corrente para a remoção da polpa e separação das sementes.
Secagem: tolerante.
Armazenamento: < 6 meses.

SEMEADURA
Quebra de dormência: desnecessária.
Germinação esperada: 60% a 80%.
Tempo para emergência: 30 a 45 dias.

PRODUÇÃO DE MUDAS
Tolerância à repicagem: média.
Pragas e doenças: nada em particular.
Tempo de produção: 3 a 4 meses; *altura:* 15 a 30 cm; *diâmetro do colo:* > 3 mm.

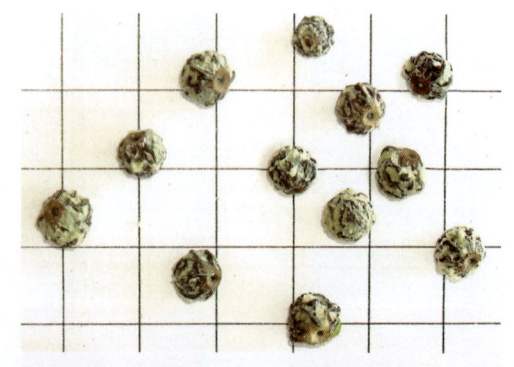

Fruto: carnoso, dispersão zoocórica.

Semente: ortodoxa, dormência fisiológica, 8.700 sementes/kg.

Face superior   Face inferior

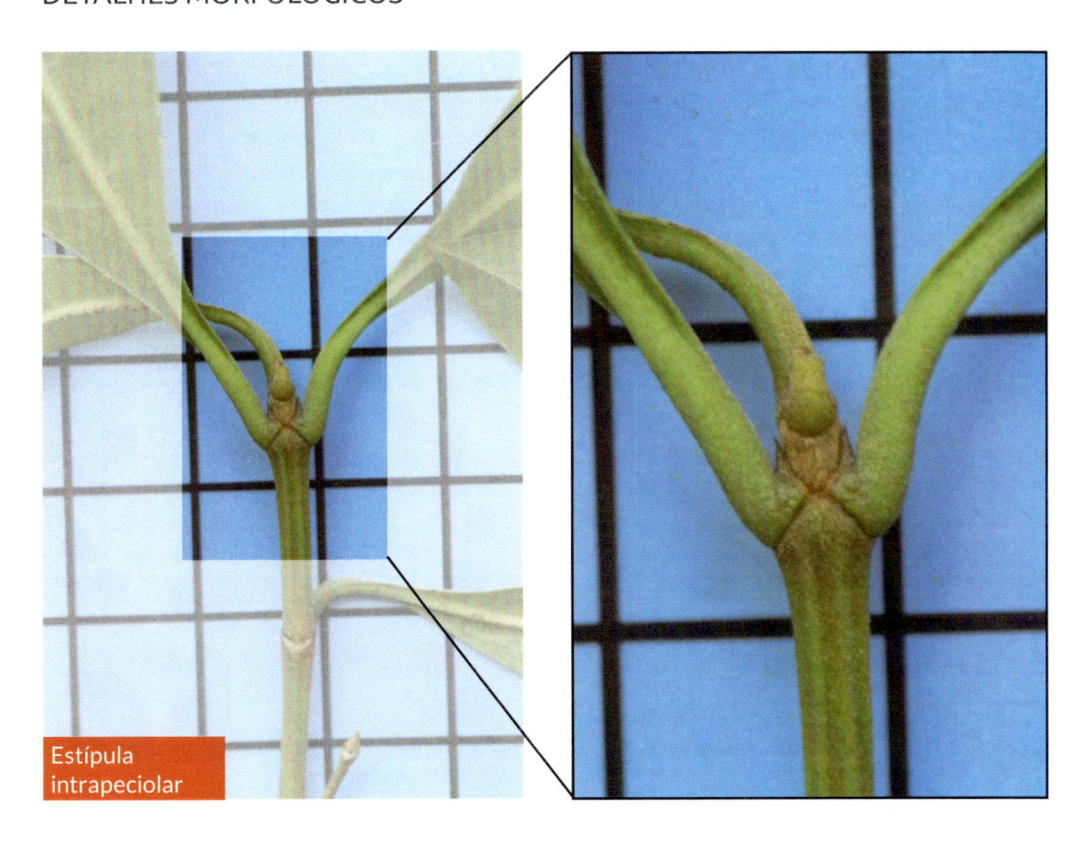

0   1   2   3 cm

DETALHES MORFOLÓGICOS

Estípula intrapeciolar

Apeiba tibourbou Aubl.

MALVACEAE
Pau-jangada

Produção de sementes e mudas

COLETA DE SEMENTES
Período: novembro a janeiro.
Técnica: coleta dos frutos de coloração marrom-escura e já secos direto da árvore, com podão, quando outros frutos da árvore já tiverem começado a cair.
Altura média das matrizes: 5 a 10 m.

BENEFICIAMENTO
Técnica: secar os frutos ao sol e quebrá-los manualmente para separar as sementes.
Secagem: tolerante.
Armazenamento: > 1 ano.

SEMEADURA
Quebra de dormência: desnecessária.
Germinação esperada: 80% a 100%.
Tempo para emergência: < 15 dias.

PRODUÇÃO DE MUDAS
Tolerância à repicagem: alta.
Pragas e doenças: nada em particular.
Tempo de produção: 3 a 4 meses; *altura:* 15 a 30 cm; *diâmetro do colo:* > 4 mm.

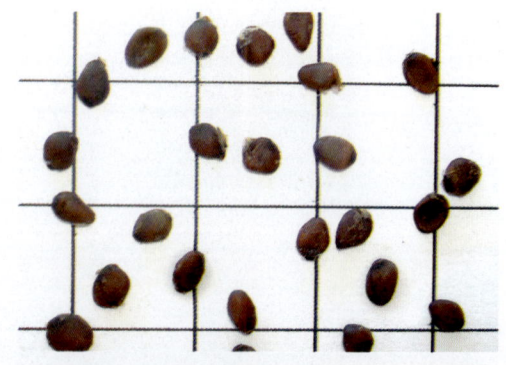

Fruto: seco indeiscente, dispersão zoocórica.

Semente: ortodoxa, tegumento impermeável, 156.300 sementes/kg.

Face superiorFace inferior

DETALHES MORFOLÓGICOS

Estípulas alongadas

Pilosidade abundante

Bordo serreado

Ceiba speciosa
(A. St.-Hil.) Ravenna

MALVACEAE
Paineira-rosa

Produção de sementes e mudas

COLETA DE SEMENTES
Período: agosto a outubro.
Técnica: coleta dos frutos de coloração verde e ainda fechados direto da árvore, com podão, quando outros frutos da árvore já tiverem começado a se abrir.
Altura média das matrizes: 10 a 15 m.

BENEFICIAMENTO
Técnica: secar os frutos ao sol até abertura espontânea e separar a paina das sementes manualmente, com auxílio de peneira.

Secagem: tolerante.
Armazenamento: > 1 ano.

SEMEADURA
Quebra de dormência: desnecessária.
Germinação esperada: 80% a 100%.
Tempo para emergência: < 15 dias.

PRODUÇÃO DE MUDAS
Tolerância à repicagem: média.
Pragas e doenças: cochonilha.
Tempo de produção: 3 a 4 meses; *altura:* 20 a 30 cm; *diâmetro do colo:* > 3 mm.

Fruto: seco deiscente, semente com paina, dispersão anemocórica.

Semente: ortodoxa, sem dormência, 7.083 sementes/kg.

Face superior

Face inferior

0 1 2 3 cm

DETALHES MORFOLÓGICOS

Estípulas nas brotações

Acúleos nos ramos

Bordo serreado

Eriotheca candolleana
(K. Schum.) A. Robyns

MALVACEAE
Paineirinha

Produção de sementes e mudas

COLETA DE SEMENTES
Período: setembro a novembro.
Técnica: coleta dos frutos de coloração verde e ainda fechados direto da árvore, com podão, quando outros frutos da árvore já tiverem começado a se abrir.
Altura média das matrizes: 5 a 10 m.

BENEFICIAMENTO
Técnica: secar os frutos ao sol até abertura espontânea e separar a paina das sementes manualmente, com auxílio de peneira.

Secagem: tolerante.
Armazenamento: < 1 ano.

SEMEADURA
Quebra de dormência: desnecessária.
Germinação esperada: 60% a 80%.
Tempo para emergência: < 15 dias.

PRODUÇÃO DE MUDAS
Tolerância à repicagem: alta.
Pragas e doenças: nada em particular.
Tempo de produção: 3 a 4 meses; *altura:* 15 a 25 cm; *diâmetro do colo:* > 2 mm.

Fruto: seco deiscente, semente com paina, dispersão anemocórica.

Semente: ortodoxa, sem dormência, 14.000 sementes/kg.

Face superior · Face inferior

0 1 2 3 cm

DETALHES MORFOLÓGICOS

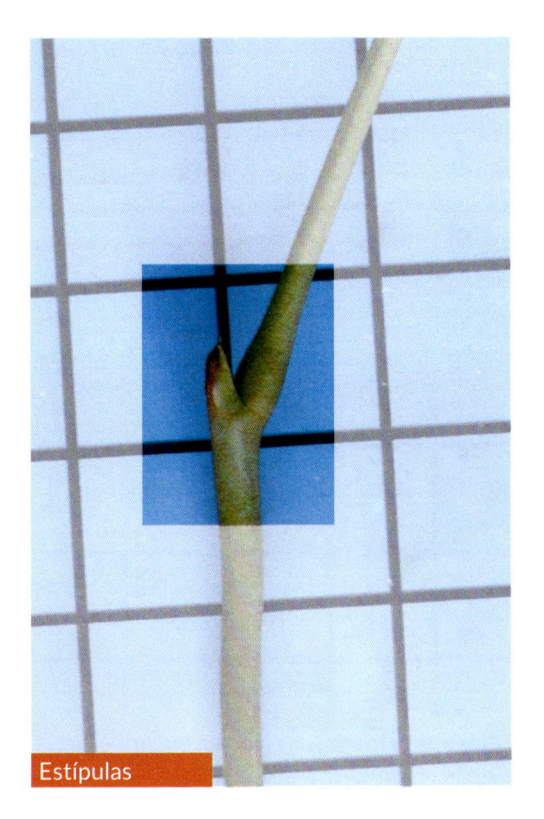

Estípulas

Peciólulo sulcado

Guazuma ulmifolia Lam.

MALVACEAE
Mutambo

Produção de sementes e mudas

COLETA DE SEMENTES
Período: agosto a outubro.
Técnica: coleta dos frutos de coloração preta do chão ou direto da árvore, com podão, quando os frutos da árvore já tiverem começado a se abrir e a cair.
Altura média das matrizes: 10 a 15 m.

BENEFICIAMENTO
Técnica: esmagar ou cortar os frutos manualmente ou com equipamento apropriado e separar as sementes manualmente, com o auxílio de peneira.
Secagem: tolerante.
Armazenamento: > 1 ano.

SEMEADURA
Quebra de dormência: imersão em ácido sulfúrico concentrado por 5 minutos.
Germinação esperada: 60% a 80%.
Tempo para emergência: < 15 dias.

PRODUÇÃO DE MUDAS
Tolerância à repicagem: alta.
Pragas e doenças: galhas.
Tempo de produção: 3 a 4 meses; *altura:* 20 a 30 cm; *diâmetro do colo:* > 3 mm.

Fruto: seco indeiscente, dispersão zoocórica.

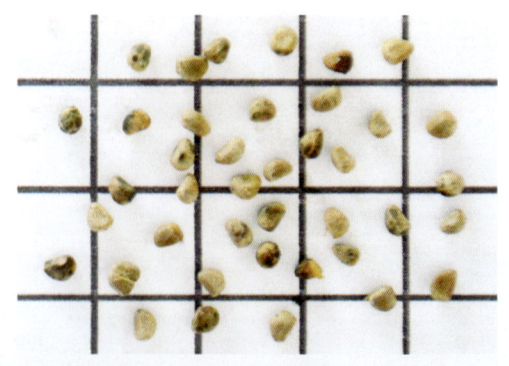

Semente: ortodoxa, tegumento impermeável, 79.150 sementes/kg.

Face superior

Face inferior

0 1 2 3 cm

DETALHES MORFOLÓGICOS

Nervuras saindo juntas da base da folha, bordo serreado

Heliocarpus popayanensis Kunth

MALVACEAE
Algodoeiro

Produção de sementes e mudas

COLETA DE SEMENTES
Período: agosto a outubro.
Técnica: coleta dos frutos de coloração marrom-escura e já secos direto da árvore, com podão, quando outros frutos da árvore já tiverem começado a cair. Outra opção, mais recomendada, é forrar o chão ao redor da árvore com uma lona e balançar os galhos no horário mais quente do dia, desde que não esteja ventando, para que as sementes sejam recolhidas.
Altura média das matrizes: 5 a 10 m.

BENEFICIAMENTO
Técnica: secar os frutos à sombra e esfregá-los em peneira para remoção das asas.
Secagem: tolerante.
Armazenamento: > 1 ano.

SEMEADURA
Quebra de dormência: desnecessária.
Germinação esperada: 60% a 80%.
Tempo para emergência: < 15 dias.

PRODUÇÃO DE MUDAS
Tolerância à repicagem: alta.
Pragas e doenças: nada em particular.
Tempo de produção: 3 a 4 meses; *altura:* 20 a 40 cm; *diâmetro do colo:* > 4 mm.

Fruto: seco indeiscente, alado, dispersão anemocórica.

Semente: ortodoxa, tegumento impermeável, 215.600 sementes/kg.

Face superior

Face inferior

DETALHES MORFOLÓGICOS

Bordo serreado com glândulas na base da folha

Bordo serreado sem glândulas no restante da folha

Nervuras principais partindo da base da folha

Luehea divaricata
Mart. & Zucc.

MALVACEAE
Açoita-cavalo

Produção de sementes e mudas

COLETA DE SEMENTES
Período: junho a agosto.
Técnica: coleta dos frutos de coloração marrom-escura e ainda fechados direto da árvore, com podão, quando outros frutos da árvore já tiverem começado a se abrir. Outra opção, mais recomendada, é forrar o chão ao redor da árvore com uma lona e balançar os galhos no horário mais quente do dia, desde que não esteja ventando, para que as sementes sejam recolhidas.
Altura média das matrizes: 10 a 15 m.

BENEFICIAMENTO
Técnica: secar os frutos ao sol até abertura espontânea e liberação das sementes, que são separadas dos frutos manualmente, com auxílio de peneira.
Secagem: tolerante.
Armazenamento: > 1 ano.

SEMEADURA
Quebra de dormência: imersão em ácido sulfúrico concentrado por 1 minuto.
Germinação esperada: 60% a 80%.
Tempo para emergência: < 15 dias.

PRODUÇÃO DE MUDAS
Tolerância à repicagem: média.
Pragas e doenças: nada em particular.
Tempo de produção: 3 a 4 meses; *altura:* 20 a 40 cm; *diâmetro do colo:* > 3 mm.

Fruto: seco deiscente, semente alada, dispersão anemocórica.

Semente: ortodoxa, sem dormência, 234.300 sementes/kg.

Face superior Face inferior

0 1 2 3 cm

DETALHES MORFOLÓGICOS

Folhas discolores, com pilosidade ferrugínea na face inferior

Bordo serreado

Luehea grandiflora
Mart. & Zucc.

MALVACEAE
Açoita-cavalo-graúdo

Produção de sementes e mudas

COLETA DE SEMENTES
Período: julho a agosto.
Técnica: coleta dos frutos de coloração marrom-escura e ainda fechados direto da árvore, com podão, quando outros frutos da árvore já tiverem começado a se abrir. Outra opção, mais recomendada, é forrar o chão ao redor da árvore com uma lona e balançar os galhos no horário mais quente do dia, desde que não esteja ventando, para que as sementes sejam recolhidas.
Altura média das matrizes: < 5 m.

BENEFICIAMENTO
Técnica: secar os frutos ao sol até abertura espontânea e liberação das sementes, que são separadas dos frutos manualmente, com auxílio de peneira.
Secagem: tolerante.
Armazenamento: > 1 ano.

SEMEADURA
Quebra de dormência: imersão em ácido sulfúrico concentrado por 1 minuto.
Germinação esperada: 60% a 80%.
Tempo para emergência: < 15 dias.

PRODUÇÃO DE MUDAS
Tolerância à repicagem: baixa.
Pragas e doenças: nada em particular.
Tempo de produção: 3 a 4 meses; *altura:* 20 a 30 cm; *diâmetro do colo:* > 3 mm.

Fruto: seco deiscente, semente alada, dispersão anemocórica.

Semente: ortodoxa, sem dormência, 160.000 sementes/kg.

Face superior

Face inferior

0 1 2 3 cm

DETALHES MORFOLÓGICOS

Folha arredondada, discolor, com pilosidade ferrugínea na face inferior

Pseudobombax grandiflorum (Cav.) A. Robyns

MALVACEAE
Embiruçu

Produção de sementes e mudas

COLETA DE SEMENTES
Período: junho a agosto.
Técnica: coleta dos frutos de coloração marrom e ainda fechados direto da árvore, com podão, quando outros frutos da árvore já tiverem começado a se abrir.
Altura média das matrizes: 5 a 10 m.

BENEFICIAMENTO
Técnica: secar os frutos ao sol até abertura espontânea e liberação das sementes, que são separadas dos frutos manualmente, com auxílio de peneira.

Secagem: tolerante.
Armazenamento: < 6 meses.

SEMEADURA
Quebra de dormência: desnecessária.
Germinação esperada: 60% a 80%.
Tempo para emergência: < 15 dias.

PRODUÇÃO DE MUDAS
Tolerância à repicagem: alta.
Pragas e doenças: nada em particular.
Tempo de produção: 3 a 4 meses; *altura:* 20 a 30 cm; *diâmetro do colo:* > 4 mm.

Fruto: seco deiscente, dispersão anemocórica.

Semente: ortodoxa, sem dormência, 9.500 sementes/kg.

Face superior

Face inferior

0 1 2 3 cm

DETALHES MORFOLÓGICOS

Ponto de união dos folíolos achatado e liso

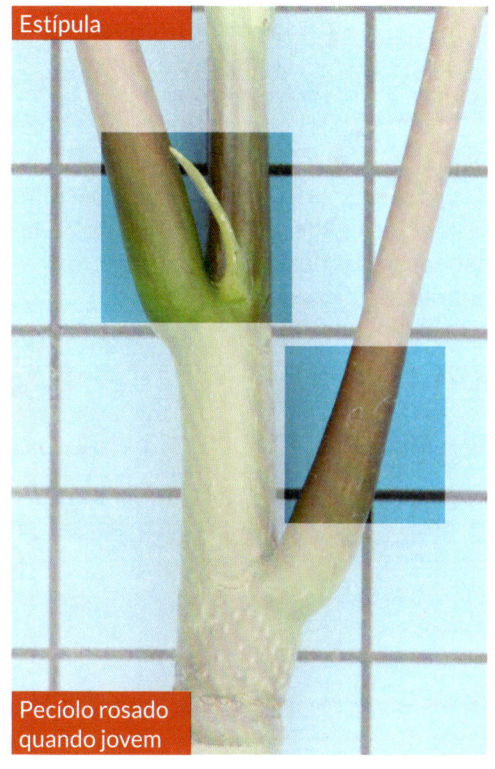

Estípula

Pecíolo rosado quando jovem

Pseudobombax tomentosum
(Mart. & Zucc.) A. Robyns

MALVACEAE
Embiruçu-peludo

Produção de sementes e mudas

COLETA DE SEMENTES
Período: setembro a novembro.
Técnica: coleta dos frutos de coloração verde e ainda fechados direto da árvore, com podão, quando outros frutos da árvore já tiverem começado a se abrir.
Altura média das matrizes: 10 a 15 m.

BENEFICIAMENTO
Técnica: secar os frutos ao sol até abertura espontânea e liberação das sementes, que são separadas dos frutos manualmente, com auxílio de peneira.

Secagem: tolerante.
Armazenamento: < 6 meses.

SEMEADURA
Quebra de dormência: desnecessária.
Germinação esperada: 80% a 100%.
Tempo para emergência: < 15 dias.

PRODUÇÃO DE MUDAS
Tolerância à repicagem: alta.
Pragas e doenças: nada em particular.
Tempo de produção: 3 a 4 meses; *altura:* 20 a 40 cm; *diâmetro do colo:* > 4 mm.

Fruto: seco deiscente, dispersão anemocórica.

Semente: ortodoxa, sem dormência, 9.000 sementes/kg.

Face superior   Face inferior

0   1   2   3 cm

DETALHES MORFOLÓGICOS

Estípulas na base de folhas novas

Folíolo pequeno aderido a um folíolo maior nas primeiras folhas

Sterculia striata
A. St.-Hil & Naudin

MALVACEAE
Xixá

Produção de sementes e mudas

COLETA DE SEMENTES
Período: agosto a outubro.
Técnica: coleta dos frutos de coloração marrom e ainda fechados direto da árvore, com podão, quando outros frutos da árvore já tiverem começado a se abrir.
Altura média das matrizes: > 10 m.

BENEFICIAMENTO
Técnica: secar os frutos ao sol até abertura espontânea e liberação das sementes, que são separadas dos frutos manualmente.
Secagem: tolerante.
Armazenamento: < 1 ano.

SEMEADURA
Quebra de dormência: desnecessário.
Germinação esperada: 60% a 80%.
Tempo para emergência: < 25 dias.

PRODUÇÃO DE MUDAS
Tolerância à repicagem: média.
Pragas e doenças: inseto desfolhador.
Tempo de produção: 3 a 4 meses; *altura:* 20 a 30 cm; *diâmetro do colo:* > 4 mm.

Fruto: seco deiscente, dispersão zoocórica.

Semente: ortodoxa, sem dormência, 400 sementes/kg.

Face superior

Face inferior

0 1 2 3 cm

DETALHES MORFOLÓGICOS

Estípulas

Inserção do limbo

Miconia ligustroides
(DC.) Naudin

MELASTOMATACEAE
Pixirica

Produção de sementes e mudas

COLETA DE SEMENTES
Período: junho a agosto.
Técnica: coleta dos frutos de coloração preta direto da árvore, com podão.
Altura média das matrizes: 5 a 10 m.

BENEFICIAMENTO
Técnica: esfregar os frutos em peneira sob água corrente para a remoção da polpa e separação das sementes.
Secagem: tolerante.
Armazenamento: < 1 mês.

SEMEADURA
Quebra de dormência: desnecessária.
Germinação esperada: 40% a 60%.
Tempo para emergência: 15 a 30 dias.

PRODUÇÃO DE MUDAS
Tolerância à repicagem: média.
Pragas e doenças: nada em particular.
Tempo de produção: 4 a 5 meses; *altura:* 15 a 20 cm; *diâmetro do colo:* > 2 mm.

Fruto: carnoso, dispersão zoocórica.

Semente: ortodoxa, sem dormência, 2.000.000 sementes/kg.

Face superior   Face inferior

0   1   2   3 cm

DETALHES MORFOLÓGICOS

Nervuras curvilíneas partindo da base da folha

Miconia rubiginosa (Bonpl.) DC.

MELASTOMATACEAE
Jacatirão

Produção de sementes e mudas

COLETA DE SEMENTES
Período: fevereiro a abril.
Técnica: coleta dos frutos de coloração preta direto da árvore, com podão.
Altura média das matrizes: 5 a 10 m.

BENEFICIAMENTO
Técnica: esfregar os frutos em peneira sob água corrente para a remoção da polpa e separação das sementes.
Secagem: tolerante.
Armazenamento: < 1 mês.

SEMEADURA
Quebra de dormência: desnecessária.
Germinação esperada: 40% a 60%.
Tempo para emergência: 30 a 45 dias.

PRODUÇÃO DE MUDAS
Tolerância à repicagem: média.
Pragas e doenças: nada em particular.
Tempo de produção: 4 a 5 meses; *altura:* 15 a 20 cm; *diâmetro do colo:* > 2 mm.

Fruto: carnoso, dispersão zoocórica.

Semente: ortodoxa, sem dormência, 2.500.000 sementes/kg.

Face superior

Face inferior

0 1 2 3 cm

DETALHES MORFOLÓGICOS

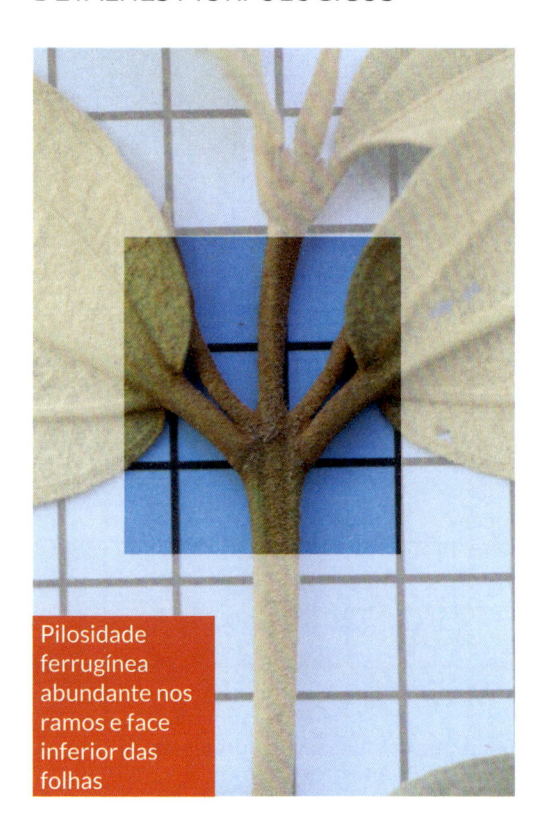

Pilosidade ferrugínea abundante nos ramos e face inferior das folhas

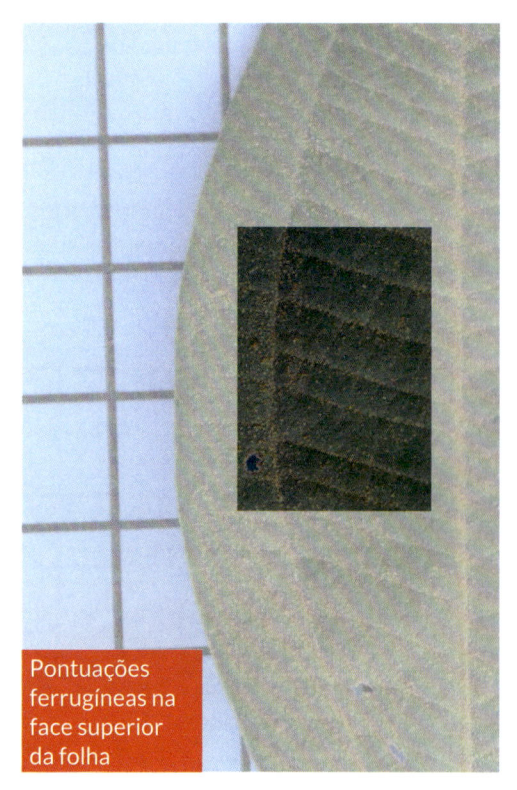

Pontuações ferrugíneas na face superior da folha

Tibouchina granulosa
(Desr.) Cogn.

MELASTOMATACEAE
Quaresmeira

Produção de sementes e mudas

COLETA DE SEMENTES
Período: maio a julho.
Técnica: coleta dos frutos de coloração marrom e ainda fechados direto da árvore, com podão, quando outros frutos da árvore já tiverem começado a se abrir.
Altura média das matrizes: < 5 m.

BENEFICIAMENTO
Técnica: secar os frutos ao sol até abertura espontânea e liberação das sementes, que são separadas dos frutos manualmente, com auxílio de peneira.

Secagem: tolerante.
Armazenamento: > 1 ano.

SEMEADURA
Quebra de dormência: desnecessária.
Germinação esperada: 40% a 60%.
Tempo para emergência: 15 a 30 dias.

PRODUÇÃO DE MUDAS
Tolerância à repicagem: baixa.
Pragas e doenças: nada em particular.
Tempo de produção: 3 a 4 meses; *altura:* 20 a 30 cm; *diâmetro do colo:* > 3 mm.

Fruto: seco deiscente, semente alada, dispersão anemocórica.

Semente: ortodoxa, sem dormência, 3.250.000 sementes/kg.

Face superior

Face inferior

0　1　2　3 cm

DETALHES MORFOLÓGICOS

Caule quadrangular

Tricomas abundantes nos ramos e em ambas as faces da folha, deixando-as pilosas e com textura áspera

Cabralea canjerana (Vell.) Mart.

MELIACEAE
Canjarana

Produção de sementes e mudas

COLETA DE SEMENTES
Período: novembro a janeiro.
Técnica: coleta dos frutos de coloração marrom-clara e ainda fechados direto da árvore, com podão, quando outros frutos da árvore já tiverem começado a se abrir.
Altura média das matrizes: 10 a 15 m.

BENEFICIAMENTO
Técnica: secar os frutos à sombra até se abrirem espontaneamente, separar as sementes manualmente e esfregá-las em peneira sob água corrente para remoção do arilo.

Secagem: intolerante.
Armazenamento: < 1 semana.

SEMEADURA
Quebra de dormência: desnecessária.
Germinação esperada: 80% a 100%.
Tempo para emergência: < 15 dias.

PRODUÇÃO DE MUDAS
Tolerância à repicagem: média.
Pragas e doenças: nada em particular.
Tempo de produção: 3 a 4 meses; *altura:* 20 a 30 cm; *diâmetro do colo:* > 3 mm.

Fruto: seco deiscente, semente com arilo, dispersão zoocórica.

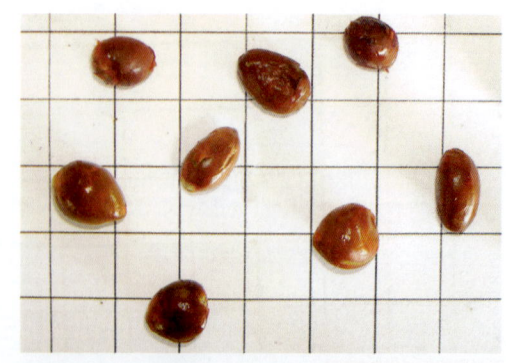

Semente: recalcitrante, sem dormência, 1.200 sementes/kg.

Face superior

Face inferior

0 1 2 3 cm

DETALHES MORFOLÓGICOS

Folíolo assimétrico

Cedrela fissilis Vell.

MELIACEAE
Cedro-rosa

Produção de sementes e mudas

COLETA DE SEMENTES
Período: junho a agosto.
Técnica: coleta dos frutos de coloração marrom e ainda fechados direto da árvore, com podão, quando outros frutos da árvore já tiverem começado a se abrir.
Altura média das matrizes: 10 a 15 m.

BENEFICIAMENTO
Técnica: secar os frutos ao sol até abertura espontânea e liberação das sementes, que são separadas dos frutos manualmente, com auxílio de peneira.

Secagem: tolerante.
Armazenamento: > 1 ano.

SEMEADURA
Quebra de dormência: desnecessária.
Germinação esperada: 80% a 100%.
Tempo para emergência: < 15 dias.

PRODUÇÃO DE MUDAS
Tolerância à repicagem: alta.
Pragas e doenças: broca-do-caule.
Tempo de produção: 3 a 4 meses; *altura:* 15 a 30 cm; *diâmetro do colo:* > 4 mm.

Fruto: seco deiscente, semente alada, dispersão anemocórica.

Semente: ortodoxa, sem dormência, 22.950 sementes/kg.

Face superior   Face inferior

0 1 2 3 cm

DETALHES MORFOLÓGICOS

Lenticelas nos ramos

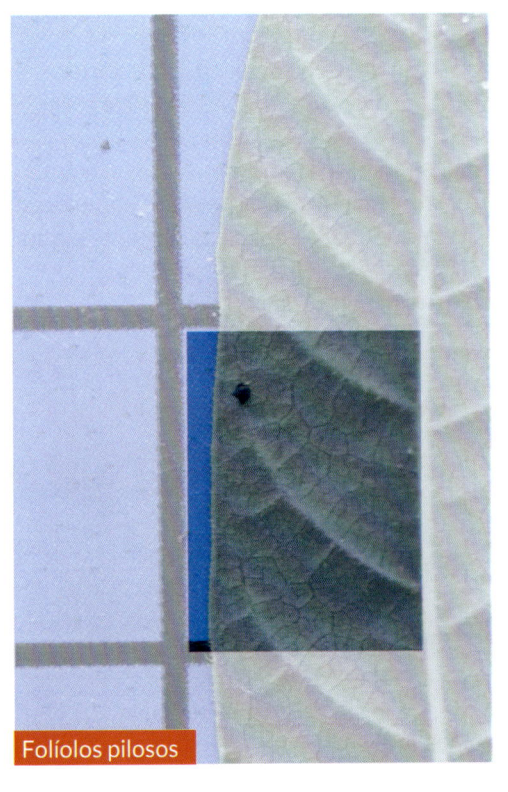

Folíolos pilosos

Cedrela odorata L.

MELIACEAE
Cedro-do-brejo

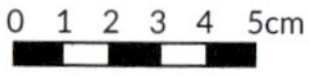

Produção de sementes e mudas

COLETA DE SEMENTES
Período: novembro a janeiro.
Técnica: coleta dos frutos de coloração marrom e ainda fechados direto da árvore, com podão, quando outros frutos da árvore já tiverem começado a se abrir.
Altura média das matrizes: 15 a 20 m.

BENEFICIAMENTO
Técnica: secar os frutos ao sol até abertura espontânea e liberação das sementes, que são separadas dos frutos manualmente, com auxílio de peneira.

Secagem: tolerante.
Armazenamento: > 1 ano.

SEMEADURA
Quebra de dormência: desnecessária.
Germinação esperada: 80% a 100%.
Tempo para emergência: < 15 dias.

PRODUÇÃO DE MUDAS
Tolerância à repicagem: alta.
Pragas e doenças: broca-do-caule.
Tempo de produção: 3 a 4 meses; *altura:* 15 a 30 cm; *diâmetro do colo:* > 4 mm.

Fruto: seco deiscente, semente alada, dispersão anemocórica.

Semente: ortodoxa, sem dormência, 50.000 sementes/kg.

Face superior Face inferior

0 1 2 3 cm

DETALHES MORFOLÓGICOS

Folhas lisas

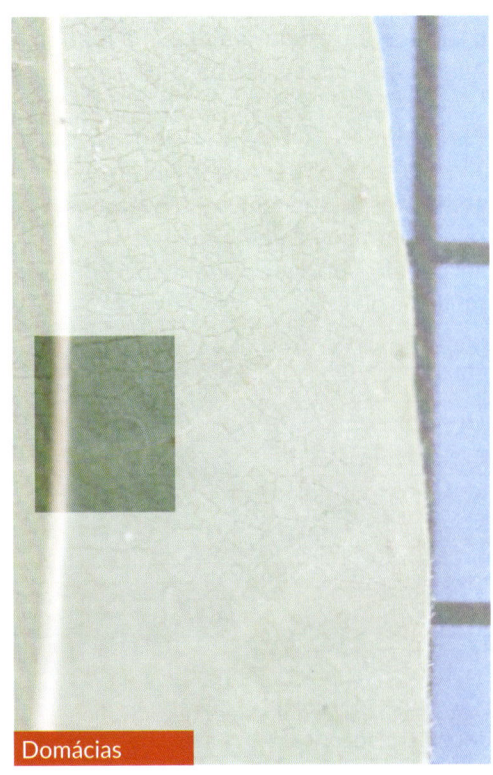

Domácias

Guarea guidonia
(L.) Sleumer

MELIACEAE
Marinheiro

Produção de sementes e mudas

COLETA DE SEMENTES
Período: outubro a dezembro.
Técnica: coleta dos frutos de coloração marrom-clara e ainda fechados direto da árvore, com podão, quando outros frutos da árvore já tiverem começado a se abrir.
Altura média das matrizes: 5 a 10 m.

BENEFICIAMENTO
Técnica: secar os frutos à sombra até se abrirem espontaneamente, separar as sementes manualmente e esfregá-las em peneira sob água corrente para remoção do arilo.

Secagem: intolerante.
Armazenamento: < 15 dias.

SEMEADURA
Quebra de dormência: desnecessária.
Germinação esperada: 60% a 80%.
Tempo para emergência: < 15 dias.

PRODUÇÃO DE MUDAS
Tolerância à repicagem: baixa.
Pragas e doenças: nada em particular.
Tempo de produção: 3 a 4 meses; *altura:* 20 a 30 cm; *diâmetro do colo:* > 3 mm.

Fruto: seco deiscente, semente com arilo, dispersão zoocórica.

Semente: recalcitrante, sem dormência, 2.500 sementes/kg.

Face superior

Face inferior

0　1　2　3 cm

DETALHES MORFOLÓGICOS

Raque terminando em gema de crescimento

Folíolos glabros

Guarea kunthiana
A. Juss.

MELIACEAE
Canjambo

Produção de sementes e mudas

COLETA DE SEMENTES
Período: agosto a outubro.
Técnica: coleta dos frutos de coloração marrom-escura e ainda fechados direto da árvore, com podão, quando outros frutos da árvore já tiverem começado a se abrir.
Altura média das matrizes: 5 a 10 m.

BENEFICIAMENTO
Técnica: secar os frutos à sombra até se abrirem espontaneamente, separar as sementes manualmente e esfregá-las em peneira sob água corrente para remoção do arilo.

Secagem: intolerante.
Armazenamento: < 15 dias.

SEMEADURA
Quebra de dormência: desnecessária.
Germinação esperada: 60% a 80%.
Tempo para emergência: 30 a 45 dias.

PRODUÇÃO DE MUDAS
Tolerância à repicagem: baixa.
Pragas e doenças: nada em particular.
Tempo de produção: 3 a 4 meses; *altura:* 15 a 20 cm; *diâmetro do colo:* > 3 mm.

Fruto: seco deiscente, semente com arilo, dispersão zoocórica.

Semente: recalcitrante, sem dormência, 800 sementes/kg.

Face superior | Face inferior

0 1 2 3 cm

DETALHES MORFOLÓGICOS

Folha simples quando jovem

Engrossamento da base do pecíolo

Trichilia silvatica
C. DC.

MELIACEAE
Catiguá-branco

Produção de sementes e mudas

COLETA DE SEMENTES
Período: janeiro a março.
Técnica: coleta dos frutos de coloração amarela a arroxeada e ainda fechados direto da árvore, com podão, quando outros frutos da árvore já tiverem começado a se abrir.
Altura média das matrizes: 5 a 10 m.

BENEFICIAMENTO
Técnica: secar os frutos à sombra até se abrirem espontaneamente, separar as sementes manualmente e esfregá-las em peneira sob água corrente para remoção do arilo.

Secagem: intolerante.
Armazenamento: < 1 mês.

SEMEADURA
Quebra de dormência: desnecessária.
Germinação esperada: 60% a 80%.
Tempo para emergência: 15 a 30 dias.

PRODUÇÃO DE MUDAS
Tolerância à repicagem: alta.
Pragas e doenças: nada em particular.
Tempo de produção: 4 a 5 meses; *altura:* 20 a 40 cm; *diâmetro do colo:* > 3 mm.

Fruto: seco deiscente, semente com arilo, dispersão zoocórica.

Semente: recalcitrante, sem dormência, 23.000 sementes/kg.

Face superior

Face inferior

0 1 2 3 cm

DETALHES MORFOLÓGICOS

Domácias

Ficus guaranitica Chodat

MORACEAE
Figueira-branca

Produção de sementes e mudas

COLETA DE SEMENTES
Período: outubro a dezembro.
Técnica: coleta dos frutos de coloração verde-amarelada direto da árvore, com podão. Como os frutos permanecem esverdeados até o final da maturação, deve-se ter especial atenção para coletá-los apenas quando as sementes já estiverem bem "granadas".
Altura média das matrizes: 5 a 10 m.

BENEFICIAMENTO
Técnica: esfregar os frutos em peneira sob água corrente para a remoção da polpa e separação das sementes.

Secagem: tolerante.
Armazenamento: > 1 ano.

SEMEADURA
Quebra de dormência: desnecessária.
Germinação esperada: 60% a 80%.
Tempo para emergência: 15 a 30 dias.

PRODUÇÃO DE MUDAS
Tolerância à repicagem: alta.
Pragas e doenças: manchas nas folhas.
Tempo de produção: 3 a 4 meses; *altura:* 15 a 20 cm; *diâmetro do colo:* > 4 mm.

Fruto: carnoso, dispersão zoocórica.

Semente: ortodoxa, sem dormência, 2.700.000 sementes/kg.

Face superior

Face inferior

DETALHES MORFOLÓGICOS

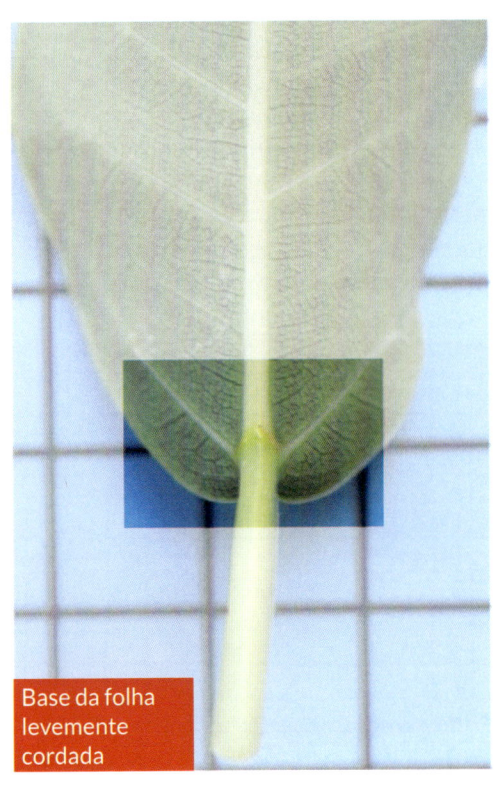

Folhas glabras

Estípula terminal avermelhada

Base da folha levemente cordada

Ficus obtusifolia Kunth

MORACEAE
Gameleira

Produção de sementes e mudas

COLETA DE SEMENTES
Período: setembro a novembro.
Técnica: coleta dos frutos de coloração verde-amarelada direto da árvore, com podão. Como os frutos permanecem esverdeados até o final da maturação, deve-se ter especial atenção para coletá-los apenas quando as sementes já estiverem bem "granadas".
Altura média das matrizes: 15 a 20 m.

BENEFICIAMENTO
Técnica: esfregar os frutos em peneira sob água corrente para a remoção da polpa e separação das sementes.

Secagem: tolerante.
Armazenamento: > 1 ano.

SEMEADURA
Quebra de dormência: desnecessária.
Germinação esperada: 40% a 60%.
Tempo para emergência: 15 a 30 dias.

PRODUÇÃO DE MUDAS
Tolerância à repicagem: alta.
Pragas e doenças: mancha nas folhas.
Tempo de produção: 3 a 4 meses; *altura:* 10 a 20 cm; *diâmetro do colo:* > 4 mm.

Fruto: carnoso, dispersão zoocórica.

Semente: ortodoxa, sem dormência, 2.500.000 sementes/kg.

Face superior

Face inferior

DETALHES MORFOLÓGICOS

Estípula terminal alongada

Folhas arredondadas

Maclura tinctoria
(L.) D. Don ex Steud.

MORACEAE
Taiúva

Produção de sementes e mudas

COLETA DE SEMENTES
Período: setembro a novembro.
Técnica: coleta dos frutos de coloração verde-amarelada direto da árvore, com podão. Como os frutos permanecem esverdeados até o final da maturação, deve-se ter especial atenção para coletá-los apenas quando as sementes já estiverem bem "granadas".
Altura média das matrizes: 10 a 15 m.

BENEFICIAMENTO
Técnica: esfregar os frutos em peneira sob água corrente para a remoção da polpa e separação das sementes.

Secagem: tolerante.
Armazenamento: > 1 ano.

SEMEADURA
Quebra de dormência: desnecessária.
Germinação esperada: 80% a 100%.
Tempo para emergência: 15 a 30 dias.

PRODUÇÃO DE MUDAS
Tolerância à repicagem: média.
Pragas e doenças: nada em particular.
Tempo de produção: 4 a 5 meses; *altura:* 15 a 25 cm; *diâmetro do colo:* > 2 mm.

Fruto: carnoso, dispersão zoocórica.

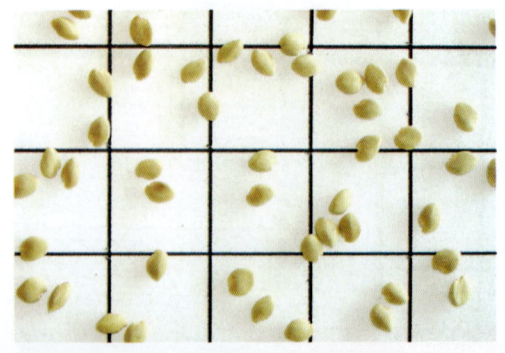

Semente: ortodoxa, sem dormência, 364.300 sementes/kg.

Face superior

Face inferior

0　　1　　2　　3 cm

DETALHES MORFOLÓGICOS

Látex

Bordo serreado

Espinhos

Virola sebifera Aubl.

MYRISTICACEAE
Ucuba

Produção de sementes e mudas

COLETA DE SEMENTES
Período: agosto a outubro.
Técnica: coleta dos frutos de coloração verde-escura a marrom, já abertos ou ainda fechados, direto da árvore, com podão, quando os frutos da árvore já tiverem começado a se abrir e expor sementes com arilo vermelho.
Altura média das matrizes: 10 a 15 m.

BENEFICIAMENTO
Técnica: secar os frutos à sombra até se abrirem espontaneamente, separar as sementes manualmente e esfregá-las em peneira sob água corrente para remoção do arilo.
Secagem: intolerante.
Armazenamento: < 1 mês.

SEMEADURA
Quebra de dormência: desnecessária.
Germinação esperada: 40% a 60%.
Tempo para emergência: 15 a 30 dias.

PRODUÇÃO DE MUDAS
Tolerância à repicagem: média.
Pragas e doenças: nada em particular.
Tempo de produção: 3 a 4 meses; *altura:* 15 a 20 cm; *diâmetro do colo:* > 3 mm.

Fruto: seco deiscente, semente com arilo, dispersão zoocórica.

Semente: recalcitrante, sem dormência, 2.800 sementes/kg.

Face superior · Face inferior

0　1　2　3 cm

DETALHES MORFOLÓGICOS

Folhas muito coriáceas, com pilosidade castanha nas folhas e brotações

Calyptranthes clusiifolia
O. Berg

MYRTACEAE
Araçarana

Produção de sementes e mudas

COLETA DE SEMENTES
Período: agosto a outubro.
Técnica: coleta dos frutos de coloração roxa direto da árvore, com podão.
Altura média das matrizes: 10 a 15 m.

BENEFICIAMENTO
Técnica: esfregar os frutos em peneira sob água corrente para a remoção da polpa e separação das sementes.
Secagem: intolerante.
Armazenamento: > 1 ano.

SEMEADURA
Quebra de dormência: desnecessária.
Germinação esperada: 80% a 100%.
Tempo para emergência: 15 a 30 dias.

PRODUÇÃO DE MUDAS
Tolerância à repicagem: média.
Pragas e doenças: nada em particular.
Tempo de produção: 3 a 4 meses; *altura:* 15 a 30 cm; *diâmetro do colo:* > 3 mm.

Fruto: carnoso, dispersão zoocórica.

Semente: recalcitrante, sem dormência, 6.800 sementes/kg.

Face superior — Face inferior

DETALHES MORFOLÓGICOS

Folhas ovais, coriáceas, com cor lustrosa, faces discolores

Campomanesia guazumifolia (Cambess.) O. Berg

MYRTACEAE
Sete-capotes

Produção de sementes e mudas

COLETA DE SEMENTES
Período: março a maio.
Técnica: coleta dos frutos de coloração verde-amarelada direto da árvore, com podão, quando outros frutos da árvore já tiverem começado a cair.
Altura média das matrizes: 5 a 10 m.

BENEFICIAMENTO
Técnica: esfregar os frutos em peneira sob água corrente para a remoção da polpa e separação das sementes.
Secagem: intolerante.
Armazenamento: < 6 meses.

SEMEADURA
Quebra de dormência: desnecessária.
Germinação esperada: 60% a 80%.
Tempo para emergência: 15 a 30 dias.

PRODUÇÃO DE MUDAS
Tolerância à repicagem: baixa.
Pragas e doenças: nada em particular.
Tempo de produção: 4 a 5 meses; *altura:* 15 a 30 cm; *diâmetro do colo:* > 3 mm.

Fruto: carnoso, dispersão zoocórica.

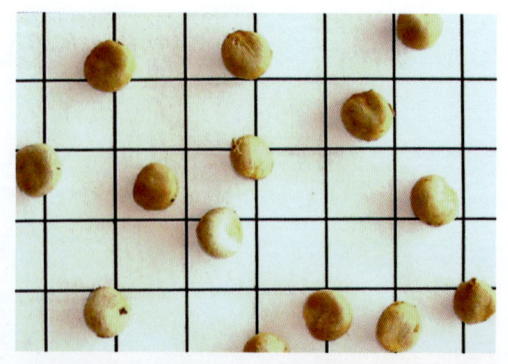

Semente: recalcitrante, sem dormência, 16.500 sementes/kg.

Face superior

Face inferior

0 1 2 3 cm

DETALHES MORFOLÓGICOS

Folha pilosa, com nervação reticulada

Campomanesia pubescens (Mart. ex DC.) O. Berg

MYRTACEAE
Gabiroba

Produção de sementes e mudas

COLETA DE SEMENTES
Período: novembro a janeiro.
Técnica: coleta dos frutos de coloração verde-amarelada direto da árvore, com podão, quando outros frutos da árvore já tiverem começado a cair.
Altura média das matrizes: < 5 m.

BENEFICIAMENTO
Técnica: esfregar os frutos em peneira sob água corrente para a remoção da polpa e separação das sementes.
Secagem: intolerante.
Armazenamento: < 6 meses.

SEMEADURA
Quebra de dormência: desnecessária.
Germinação esperada: 20% a 40%.
Tempo para emergência: 15 a 30 dias.

PRODUÇÃO DE MUDAS
Tolerância à repicagem: baixa.
Pragas e doenças: nada em particular.
Tempo de produção: 4 a 5 meses; *altura:* 15 a 25 cm; *diâmetro do colo:* > 3 mm.

Fruto: carnoso, dispersão zoocórica.

Semente: recalcitrante, sem dormência, 13.000 sementes/kg.

Face superior

Face inferior

0 1 2 3 cm

DETALHES MORFOLÓGICOS

Caule descamante

Face inferior da folha com nervuras amarelas sobressalentes

Campomanesia xanthocarpa (Mart.) O. Berg

MYRTACEAE
Guabiroba

Produção de sementes e mudas

COLETA DE SEMENTES
Período: novembro a janeiro.
Técnica: coleta dos frutos de coloração amarela direto da árvore, com podão, quando outros frutos da árvore já tiverem começado a cair.
Altura média das matrizes: 5 a 10 m.

BENEFICIAMENTO
Técnica: esfregar os frutos em peneira sob água corrente para a remoção da polpa e separação das sementes.
Secagem: intolerante.
Armazenamento: < 6 meses.

SEMEADURA
Quebra de dormência: desnecessária.
Germinação esperada: 60% a 80%.
Tempo para emergência: 15 a 30 dias.

PRODUÇÃO DE MUDAS
Tolerância à repicagem: baixa.
Pragas e doenças: nada em particular.
Tempo de produção: 4 a 5 meses; *altura:* 15 a 25 cm; *diâmetro do colo:* > 3 mm.

Fruto: carnoso, dispersão zoocórica.

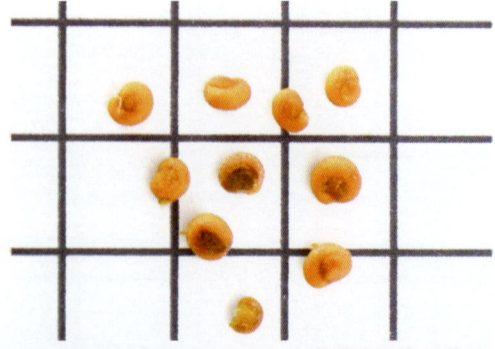

Semente: recalcitrante, sem dormência, 10.000 sementes/kg.

Face superior

Face inferior

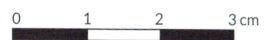

0 1 2 3 cm

DETALHES MORFOLÓGICOS

Folha glabra, com borda ondulada

Brotação avermelhada

Eugenia brasiliensis Lam.

MYRTACEAE
Grumixama

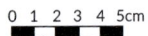

Produção de sementes e mudas

COLETA DE SEMENTES
Período: outubro a dezembro.
Técnica: coleta dos frutos de coloração preta direto da árvore, com podão.
Altura média das matrizes: 5 a 10 m.

BENEFICIAMENTO
Técnica: esfregar os frutos em peneira sob água corrente para a remoção da polpa e separação das sementes.
Secagem: intolerante.
Armazenamento: < 1 mês.

SEMEADURA
Quebra de dormência: desnecessária.
Germinação esperada: 80% a 100%.
Tempo para emergência: 15 a 30 dias.

PRODUÇÃO DE MUDAS
Tolerância à repicagem: baixa.
Pragas e doenças: ferrugem.
Tempo de produção: 4 a 5 meses; *altura:* 15 a 20 cm; *diâmetro do colo:* > 2 mm.

Fruto: carnoso, dispersão zoocórica.

Semente: recalcitrante, sem dormência, 3.500 sementes/kg.

Face superior • Face inferior

0　1　2　3 cm

DETALHES MORFOLÓGICOS

Falsas estípulas interpeciolares

Nervura marginal coletora pronunciada em ambas as faces da folha

Eugenia dysenterica (Mart.) DC.

MYRTACEAE
Cagaita

Produção de sementes e mudas

COLETA DE SEMENTES
Período: outubro a dezembro.
Técnica: coleta dos frutos de coloração amarela direto da árvore, com podão, quando outros frutos da árvore já tiverem começado a cair.
Altura média das matrizes: 5 a 10 m.

BENEFICIAMENTO
Técnica: esfregar os frutos em peneira sob água corrente para a remoção da polpa e separação das sementes.
Secagem: intolerante.
Armazenamento: < 1 mês.

SEMEADURA
Quebra de dormência: desnecessária.
Germinação esperada: 60% a 80%.
Tempo para emergência: 15 a 30 dias.

PRODUÇÃO DE MUDAS
Tolerância à repicagem: baixa.
Pragas e doenças: nada em particular.
Tempo de produção: 4 a 5 meses; *altura:* 20 a 30 cm; *diâmetro do colo:* > 3 mm.

Fruto: carnoso, dispersão zoocórica.

Semente: recalcitrante, sem dormência, 1.500 sementes/kg.

Face superior | Face inferior

DETALHES MORFOLÓGICOS

Caule jovem liso e avermelhado

Eugenia involucrata DC.

MYRTACEAE
Cereja-do-rio-grande

Produção de sementes e mudas

COLETA DE SEMENTES
Período: outubro a dezembro.
Técnica: coleta dos frutos de coloração roxo-escura, forrando o chão com uma lona e balançando os galhos.
Altura média das matrizes: 5 a 10 m.

BENEFICIAMENTO
Técnica: esfregar os frutos em peneira sob água corrente para a remoção da polpa e separação das sementes.
Secagem: intolerante.
Armazenamento: < 1 mês.

SEMEADURA
Quebra de dormência: desnecessária.
Germinação esperada: 60% a 80%.
Tempo para emergência: 15 a 30 dias.

PRODUÇÃO DE MUDAS
Tolerância à repicagem: baixa.
Pragas e doenças: nada em particular.
Tempo de produção: 4 a 5 meses; *altura:* 20 a 30 cm; *diâmetro do colo:* > 2 mm.

Fruto: carnoso, dispersão zoocórica.

Semente: recalcitrante, sem dormência, 7.600 sementes/kg.

Face superior

Face inferior

0　1　2　3 cm

DETALHES MORFOLÓGICOS

Caule típico, brilhoso e descamante

Folha elíptica, nervuras pouco evidentes e bordo levemente revoluto

Eugenia pyriformis Cambess.

MYRTACEAE
Uvaia

Produção de sementes e mudas

COLETA DE SEMENTES
Período: outubro a dezembro.
Técnica: coleta dos frutos de coloração amarela direto da árvore, com podão, quando outros frutos da árvore já tiverem começado a cair.
Altura média das matrizes: 5 a 10 m.

BENEFICIAMENTO
Técnica: esfregar os frutos em peneira sob água corrente para a remoção da polpa e separação das sementes.
Secagem: intolerante.
Armazenamento: < 1 mês.

SEMEADURA
Quebra de dormência: desnecessária.
Germinação esperada: 60% a 80%.
Tempo para emergência: 30 a 45 dias.

PRODUÇÃO DE MUDAS
Tolerância à repicagem: média.
Pragas e doenças: ferrugem.
Tempo de produção: 3 a 4 meses; *altura:* 15 a 30 cm; *diâmetro do colo:* > 3 mm.

Fruto: carnoso, dispersão zoocórica.

Semente: recalcitrante, sem dormência, 980 sementes/kg.

Face superior   Face inferior

0   1   2   3 cm

DETALHES MORFOLÓGICOS

Caule descamante em placas

Eugenia uniflora L.

MYRTACEAE
Pitanga

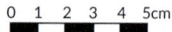

Produção de sementes e mudas

COLETA DE SEMENTES
Período: outubro a dezembro.
Técnica: coleta dos frutos de coloração vermelha direto da árvore, com podão.
Altura média das matrizes: 5 a 10 m.

BENEFICIAMENTO
Técnica: esfregar os frutos em peneira sob água corrente para a remoção da polpa e separação das sementes.
Secagem: intolerante.
Armazenamento: < 1 mês.

SEMEADURA
Quebra de dormência: desnecessária.
Germinação esperada: 80% a 100%.
Tempo para emergência: 15 a 30 dias.

PRODUÇÃO DE MUDAS
Tolerância à repicagem: média.
Pragas e doenças: ferrugem.
Tempo de produção: 4 a 5 meses; *altura:* 15 a 25 cm; *diâmetro do colo:* > 3 mm.

Fruto: carnoso, dispersão zoocórica.

Semente: recalcitrante, sem dormência, 2.300 sementes/kg.

Face superior

Face inferior

0   1   2   3 cm

DETALHES MORFOLÓGICOS

Caule descamante

Myrcia fenzliana
O. Berg

MYRTACEAE
Papa-guela

Produção de sementes e mudas

COLETA DE SEMENTES
Período: maio a julho.
Técnica: coleta dos frutos de coloração avermelhada direto da árvore, com podão.
Altura média das matrizes: 10 a 15 m.

BENEFICIAMENTO
Técnica: esfregar os frutos em peneira sob água corrente para a remoção da polpa e separação das sementes.
Secagem: intolerante.
Armazenamento: < 1 semana.

SEMEADURA
Quebra de dormência: desnecessária.
Germinação esperada: 60% a 80%.
Tempo para emergência: 15 a 30 dias.

PRODUÇÃO DE MUDAS
Tolerância à repicagem: média.
Pragas e doenças: ferrugem.
Tempo de produção: 3 a 4 meses; *altura:* 15 a 20 cm; *diâmetro do colo:* > 2 mm.

Fruto: carnoso, dispersão zoocórica.

Semente: recalcitrante, sem dormência, 3.000 sementes/kg.

Face superior

Face inferior

0   1   2   3 cm

DETALHES MORFOLÓGICOS

Nervuras marcadas

Pilosidade abundante na face inferior das folhas

Myrcia tomentosa (Aubl.) DC.

MYRTACEAE
Goiabeira-brava

Produção de sementes e mudas

COLETA DE SEMENTES
Período: dezembro a fevereiro.
Técnica: coleta dos frutos de coloração roxo-escura direto da árvore, com podão.
Altura média das matrizes: 5 a 10 m.

BENEFICIAMENTO
Técnica: esfregar os frutos em peneira sob água corrente para a remoção da polpa e separação das sementes.
Secagem: intolerante.
Armazenamento: < 1 semana.

SEMEADURA
Quebra de dormência: desnecessária.
Germinação esperada: 60% a 80%.
Tempo para emergência: < 15 dias.

PRODUÇÃO DE MUDAS
Tolerância à repicagem: média.
Pragas e doenças: nada em particular.
Tempo de produção: 3 a 4 meses; *altura:* 20 a 30 cm; *diâmetro do colo:* > 3 mm.

Fruto: carnoso, dispersão zoocórica.

Semente: recalcitrante, sem dormência, 3.700 sementes/kg.

Face superior

Face inferior

0 1 2 3 cm

DETALHES MORFOLÓGICOS

Folhas e ramos muito pilosos

Myrciaria floribunda
(H. West ex Willd.) O. Berg

MYRTACEAE
Cambuí

Produção de sementes e mudas

COLETA DE SEMENTES
Período: outubro a dezembro.
Técnica: coleta dos frutos de coloração amarela direto da árvore, com podão.
Altura média das matrizes: < 5 m.

BENEFICIAMENTO
Técnica: esfregar os frutos em peneira sob água corrente para a remoção da polpa e separação das sementes.
Secagem: intolerante.
Armazenamento: < 1 semana.

SEMEADURA
Quebra de dormência: desnecessária.
Germinação esperada: 40% a 60%.
Tempo para emergência: 30 a 45 dias.

PRODUÇÃO DE MUDAS
Tolerância à repicagem: baixa.
Pragas e doenças: nada em particular.
Tempo de produção: 4 a 5 meses; *altura:* 15 a 30 cm; *diâmetro do colo:* > 2 mm.

Fruto: carnoso, dispersão zoocórica.

Semente: recalcitrante, sem dormência, 28.500 sementes/kg.

Face superior

Face inferior

0 1 2 3 cm

DETALHES MORFOLÓGICOS

Folhas alongadas e avermelhadas quando jovens

Myrciaria glazioviana (Kiaersk.) G. M. Barroso ex Sobral

MYRTACEAE
Cabeludinha

Produção de sementes e mudas

COLETA DE SEMENTES
Período: setembro a novembro.
Técnica: coleta dos frutos de coloração amarela direto da árvore, com podão, quando outros frutos da árvore já tiverem começado a cair.
Altura média das matrizes: < 5 m.

BENEFICIAMENTO
Técnica: esfregar os frutos em peneira sob água corrente para a remoção da polpa e separação das sementes.
Secagem: intolerante.
Armazenamento: < 1 semana.

SEMEADURA
Quebra de dormência: desnecessária.
Germinação esperada: 60% a 80%.
Tempo para emergência: 15 a 30 dias.

PRODUÇÃO DE MUDAS
Tolerância à repicagem: média.
Pragas e doenças: nada em particular.
Tempo de produção: 3 a 4 meses; *altura:* 15 a 20 cm; *diâmetro do colo:* > 2 mm.

Fruto: carnoso, dispersão zoocórica.

Semente: recalcitrante, sem dormência, 1.400 sementes/kg.

Face superior

Face inferior

0   1   2   3 cm

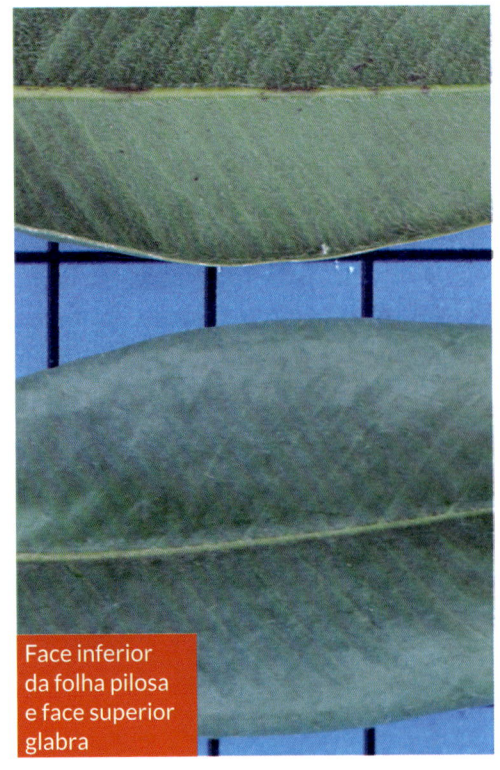

DETALHES MORFOLÓGICOS

Pilosidade abundante nos ramos e pecíolo

Face inferior da folha pilosa e face superior glabra

Plinia edulis
(Vell.) Sobral

MYRTACEAE
Cambucá

Produção de sementes e mudas

COLETA DE SEMENTES
Período: setembro a novembro.
Técnica: coleta dos frutos de coloração amarela direto da árvore, com podão, quando outros frutos da árvore já tiverem começado a cair.
Altura média das matrizes: 5 a 10 m.

BENEFICIAMENTO
Técnica: esfregar os frutos em peneira sob água corrente para a remoção da polpa e separação das sementes.
Secagem: intolerante.
Armazenamento: < 1 mês.

SEMEADURA
Quebra de dormência: desnecessária.
Germinação esperada: 60% a 80%.
Tempo para emergência: 15 a 30 dias.

PRODUÇÃO DE MUDAS
Tolerância à repicagem: baixa.
Pragas e doenças: nada em particular.
Tempo de produção: 4 a 5 meses; *altura:* 15 a 20 cm; *diâmetro do colo:* > 2 mm.

Fruto: carnoso, dispersão zoocórica.

Semente: recalcitrante, sem dormência, 500 sementes/kg.

Face superior — Face inferior

0 1 2 3 cm

DETALHES MORFOLÓGICOS

Caule descamante no formato de estrias

Nervura marginal coletora bem evidente

Plinia peruviana
(Poir.) Govaerts

MYRTACEAE
Jabuticabeira

Produção de sementes e mudas

COLETA DE SEMENTES
Período: setembro a novembro.
Técnica: coleta dos frutos de coloração preta direto da árvore, com as mãos.
Altura média das matrizes: 5 a 10 m.

BENEFICIAMENTO
Técnica: esfregar os frutos em peneira sob água corrente para a remoção da polpa e separação das sementes.
Secagem: intolerante.
Armazenamento: < 1 semana.

SEMEADURA
Quebra de dormência: desnecessária.
Germinação esperada: 80% a 100%.
Tempo para emergência: 15 a 30 dias.

PRODUÇÃO DE MUDAS
Tolerância à repicagem: baixa.
Pragas e doenças: ferrugem.
Tempo de produção: 5 a 6 meses; *altura:* 15 a 20 cm; *diâmetro do colo:* > 2 mm.

Fruto: carnoso, dispersão zoocórica.

Semente: recalcitrante, sem dormência, 2.930 sementes/kg.

Face superior   Face inferior

0   1   2   3 cm

DETALHES MORFOLÓGICOS

Caule escamante

Psidium cattleianum Sabine

MYRTACEAE
Araçá-amarelo

Produção de sementes e mudas

COLETA DE SEMENTES
Período: março a maio.
Técnica: coleta dos frutos de coloração amarela direto da árvore, com podão, quando outros frutos da árvore já tiverem começado a cair.
Altura média das matrizes: < 5 m.

BENEFICIAMENTO
Técnica: esfregar os frutos em peneira sob água corrente para a remoção da polpa e separação das sementes.
Secagem: tolerante.
Armazenamento: > 1 ano.

SEMEADURA
Quebra de dormência: desnecessária.
Germinação esperada: 80% a 100%.
Tempo para emergência: 15 a 30 dias.

PRODUÇÃO DE MUDAS
Tolerância à repicagem: alta.
Pragas e doenças: besouro desfolhador.
Tempo de produção: 3 a 4 meses; *altura:* 20 a 40 cm; *diâmetro do colo:* > 3 mm.

Fruto: carnoso, dispersão zoocórica.

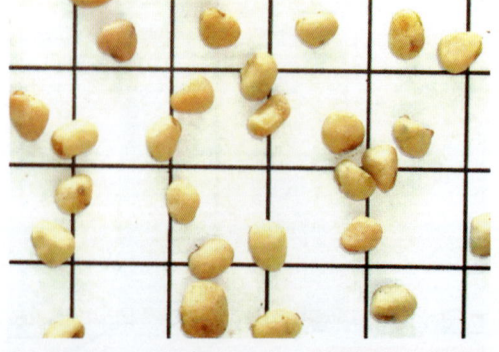

Semente: ortodoxa, sem dormência, 95.240 sementes/kg.

Face superior | Face inferior

0 1 2 3 cm

DETALHES MORFOLÓGICOS

Folhas coriáceas

Caule jovem liso e avermelhado

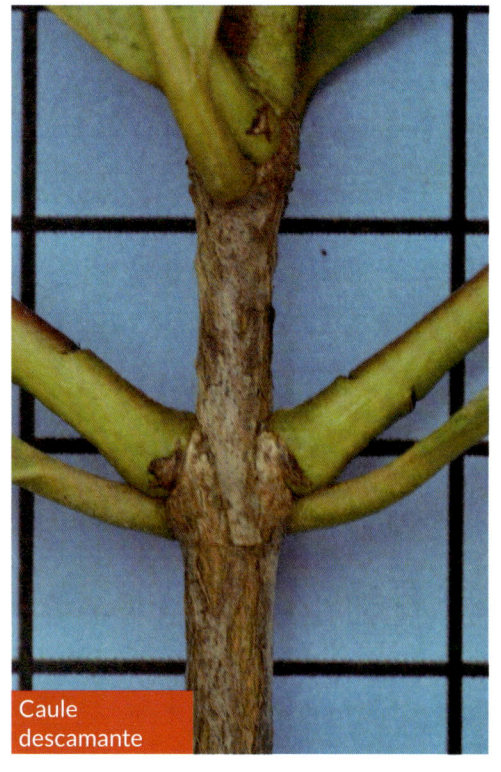

Caule descamante

Psidium guineense
Sw.

MYRTACEAE
Araçá-do-campo

Produção de sementes e mudas

COLETA DE SEMENTES
Período: novembro a janeiro.
Técnica: coleta dos frutos de coloração amarelo-escura direto da árvore, com podão, quando outros frutos da árvore já tiverem começado a cair.
Altura média das matrizes: < 5 m.

BENEFICIAMENTO
Técnica: esfregar os frutos em peneira sob água corrente para a remoção da polpa e separação das sementes.
Secagem: tolerante.
Armazenamento: > 1 ano.

SEMEADURA
Quebra de dormência: desnecessária.
Germinação esperada: 80% a 100%.
Tempo para emergência: 15 a 30 dias.

PRODUÇÃO DE MUDAS
Tolerância à repicagem: alta.
Pragas e doenças: nada em particular.
Tempo de produção: 3 a 4 meses; *altura:* 20 a 40 cm; *diâmetro do colo:* > 3 mm.

Fruto: carnoso, dispersão zoocórica.

Semente: ortodoxa, sem dormência, 270.000 sementes/kg.

Face superior Face inferior

0 1 2 3 cm

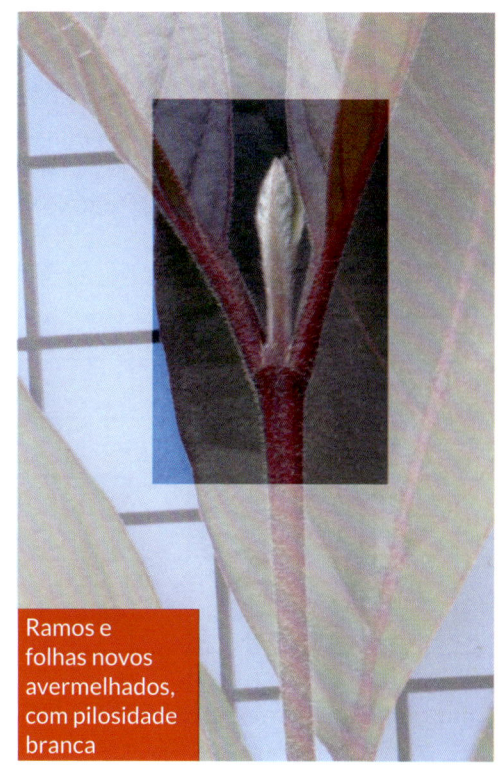

DETALHES MORFOLÓGICOS

Caule descamante

Ramos e folhas novos avermelhados, com pilosidade branca

Psidium myrtoides O. Berg

MYRTACEAE
Araçá-roxo

Produção de sementes e mudas

COLETA DE SEMENTES
Período: março a maio.
Técnica: coleta dos frutos de coloração roxa direto da árvore, com podão, quando outros frutos da árvore já tiverem começado a cair.
Altura média das matrizes: < 5 m.

BENEFICIAMENTO
Técnica: esfregar os frutos em peneira sob água corrente para a remoção da polpa e separação das sementes.
Secagem: tolerante.
Armazenamento: > 1 ano.

SEMEADURA
Quebra de dormência: desnecessária.
Germinação esperada: 60% a 80%.
Tempo para emergência: 15 a 30 dias.

PRODUÇÃO DE MUDAS
Tolerância à repicagem: alta.
Pragas e doenças: nada em particular.
Tempo de produção: 3 a 4 meses; *altura:* 20 a 40 cm; *diâmetro do colo:* > 4 mm.

Fruto: carnoso, dispersão zoocórica.

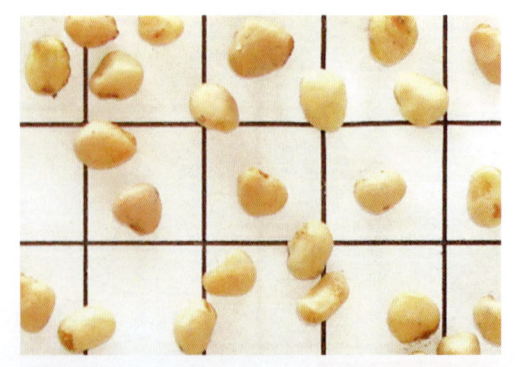

Semente: ortodoxa, sem dormência, 3.100 sementes/kg.

Face superior

Face inferior

0　　　　1　　　　2　　　3 cm

DETALHES MORFOLÓGICOS

Caule descamante, escuro

Psidium rufum
Mart. ex DC.

MYRTACEAE
Araçá-cagão

Produção de sementes e mudas

COLETA DE SEMENTES
Período: março a maio.
Técnica: coleta dos frutos de coloração roxa direto da árvore, com podão, quando outros frutos da árvore já tiverem começado a cair.
Altura média das matrizes: < 5 m.

BENEFICIAMENTO
Técnica: esfregar os frutos em peneira sob água corrente para a remoção da polpa e separação das sementes.
Secagem: tolerante.
Armazenamento: > 1 ano.

SEMEADURA
Quebra de dormência: desnecessária.
Germinação esperada: 60% a 80%.
Tempo para emergência: 15 a 30 dias.

PRODUÇÃO DE MUDAS
Tolerância à repicagem: alta.
Pragas e doenças: nada em particular.
Tempo de produção: 3 a 4 meses; *altura:* 15 a 20 cm; *diâmetro do colo:* > 2 mm.

Fruto: carnoso, dispersão zoocórica.

Semente: ortodoxa, sem dormência, 12.600 sementes/kg.

Face superior — Face inferior

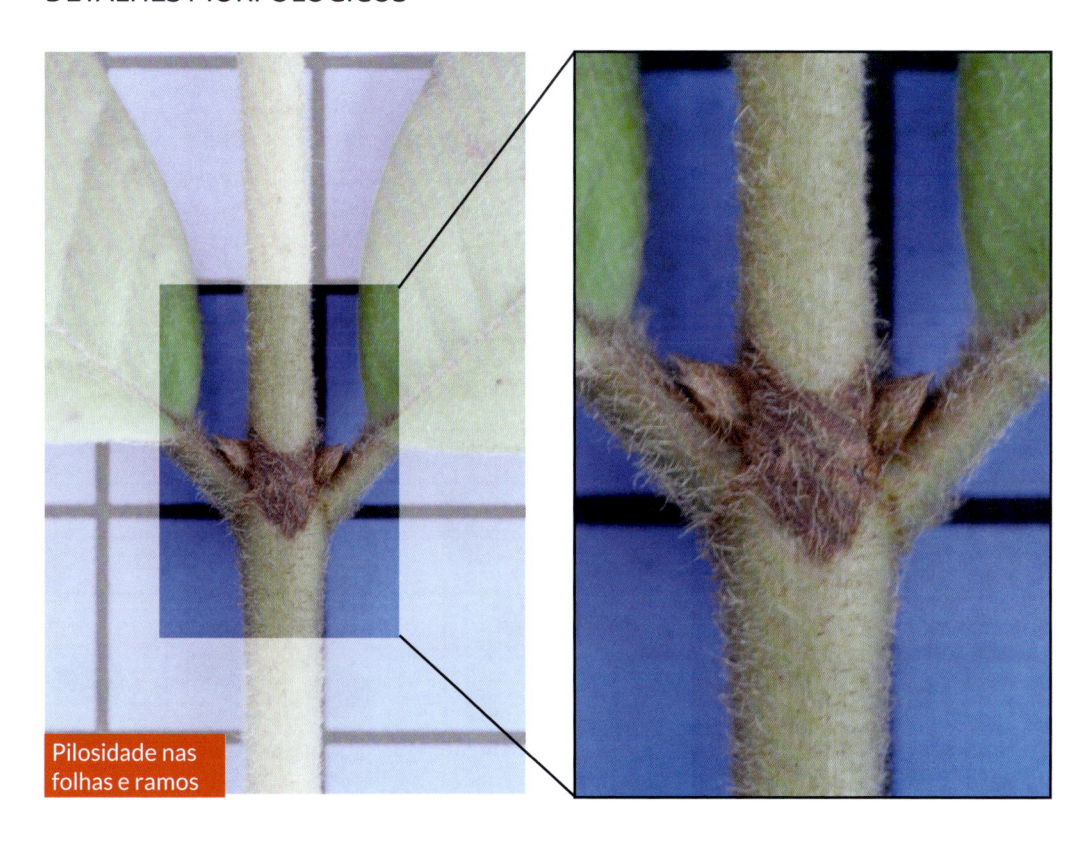

0 1 2 3 cm

DETALHES MORFOLÓGICOS

Pilosidade nas folhas e ramos

Ouratea castaneifolia (DC.) Engl.

OCHNACEAE
Folha-de-castanha

Produção de sementes e mudas

COLETA DE SEMENTES
Período: outubro a novembro.
Técnica: coleta dos frutos de coloração marrom-escura e já secos direto da árvore, com podão, quando outros frutos da árvore já tiverem começado a cair.
Altura média das matrizes: 6 a 10 m.

BENEFICIAMENTO
Técnica: separar manualmente as sementes dos frutos em peneira sob água corrente.
Secagem: não tolerante.
Armazenamento: < 6 meses.

SEMEADURA
Quebra de dormência: desnecessária.
Germinação esperada: 40% a 60%.
Tempo para emergência: 15 a 30 dias.

PRODUÇÃO DE MUDAS
Tolerância à repicagem: média.
Pragas e doenças: nada em particular.
Tempo de produção: 3 a 4 meses; *altura:* 15 a 20 cm; *diâmetro do colo:* > 3 mm.

Fruto: carnoso, dispersão zoocórica.

Semente: recalcitrante, sem dormência, 17.500 sementes/kg.

Face superior — Face inferior

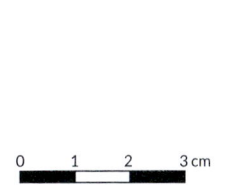

0 1 2 3 cm

DETALHES MORFOLÓGICOS

Nervuras secundárias se projetam para fora do limbo, deixando o bordo da folha serreado e pontiagudo

Estípulas

Pera glabrata
(Schott) Poepp. ex Baill.

PERACEAE
Sapateiro

Produção de sementes e mudas

COLETA DE SEMENTES
Período: setembro a novembro.
Técnica: coleta dos frutos de coloração verde-escura, já abertos ou ainda fechados, direto da árvore, com podão, quando os frutos da árvore já tiverem começado a se abrir.
Altura média das matrizes: 5 a 10 m.

BENEFICIAMENTO
Técnica: esfregar os frutos em peneira sob água corrente para a remoção da polpa e separação das sementes.

Secagem: intolerante.
Armazenamento: < 6 meses.

SEMEADURA
Quebra de dormência: desnecessária.
Germinação esperada: 60% a 80%.
Tempo para emergência: 15 a 30 dias.

PRODUÇÃO DE MUDAS
Tolerância à repicagem: alta.
Pragas e doenças: nada em particular.
Tempo de produção: 3 a 4 meses; *altura:* 20 a 30 cm; *diâmetro do colo:* > 3 mm.

Fruto: carnoso, dispersão zoocórica.

Semente: recalcitrante, sem dormência, 45.000 sementes/kg.

Face superior · Face inferior

0 1 2 3 cm

DETALHES MORFOLÓGICOS

Pontuações nas folhas e nos ramos

Gallesia integrifolia
(Spreng.) Harms

PHYTOLACCACEAE
Pau-d'alho

Produção de sementes e mudas

COLETA DE SEMENTES
Período: agosto a outubro.
Técnica: coleta dos frutos de coloração marrom direto da árvore, com podão, quando outros frutos da árvore já tiverem começado a cair.
Altura média das matrizes: 15 a 20 m.

BENEFICIAMENTO
Técnica: secar os frutos à sombra e esfregá--los em peneira para remoção das asas.
Secagem: tolerante.
Armazenamento: > 1 ano.

SEMEADURA
Quebra de dormência: desnecessária.
Germinação esperada: 80% a 100%.
Tempo para emergência: < 15 dias.

PRODUÇÃO DE MUDAS
Tolerância à repicagem: alta.
Pragas e doenças: nada em particular.
Tempo de produção: 3 a 4 meses; *altura:* 15 a 25 cm; *diâmetro do colo:* > 3 mm.

Fruto: seco indeiscente, alado, dispersão anemocórica.

Semente: ortodoxa, sem dormência, 15.300 sementes/kg.

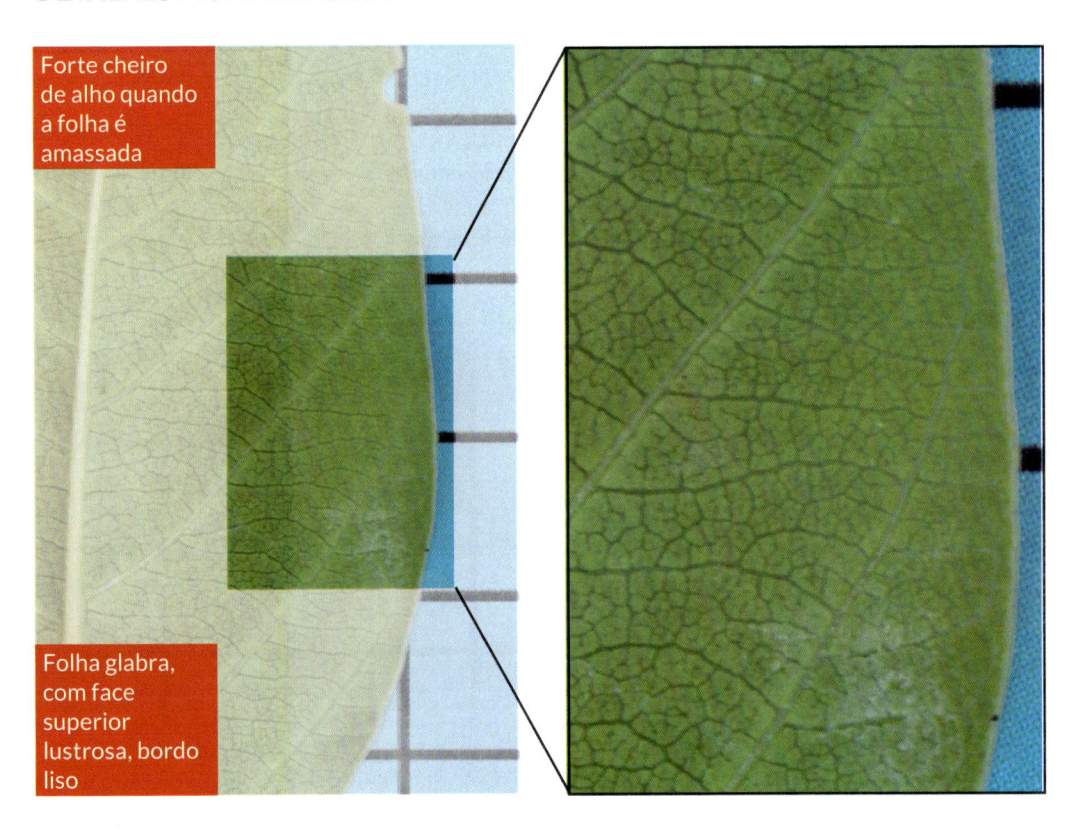

Face superior

Face inferior

0 1 2 3 cm

DETALHES MORFOLÓGICOS

Forte cheiro de alho quando a folha é amassada

Folha glabra, com face superior lustrosa, bordo liso

Phytolacca dioica
L.

PHYTOLACCACEAE
Cebolão

Produção de sementes e mudas

COLETA DE SEMENTES
Período: janeiro a março.
Técnica: coleta dos frutos de coloração amarela direto da árvore, com podão.
Altura média das matrizes: 10 a 15 m.

BENEFICIAMENTO
Técnica: esfregar os frutos em peneira sob água corrente para a remoção da polpa e separação das sementes.
Secagem: tolerante.
Armazenamento: > 1 ano.

SEMEADURA
Quebra de dormência: desnecessária.
Germinação esperada: 40% a 60%.
Tempo para emergência: 15 a 30 dias.

PRODUÇÃO DE MUDAS
Tolerância à repicagem: alta.
Pragas e doenças: mancha nas folhas.
Tempo de produção: 3 a 4 meses; *altura:* 15 a 20 cm; *diâmetro do colo:* > 4 mm.

Fruto: carnoso, dispersão zoocórica.

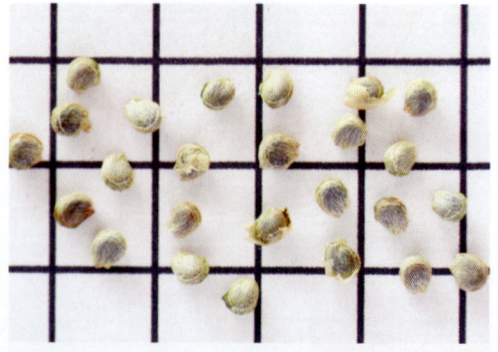

Semente: ortodoxa, sem dormência, 121.000 sementes/kg.

Face superior — Face inferior

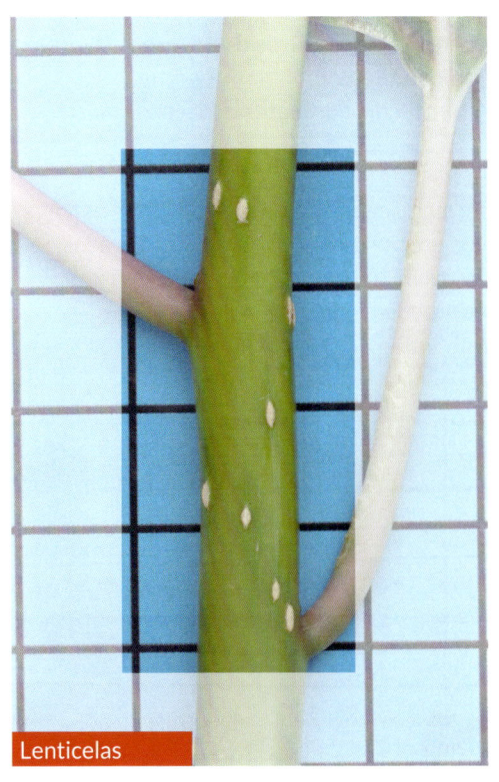

0 1 2 3 cm

DETALHES MORFOLÓGICOS

Pecíolos rosados

Lenticelas

Seguieria langsdorffii Moq.

PHYTOLACCACEAE
Agulheiro

Produção de sementes e mudas

COLETA DE SEMENTES
Período: março a maio.
Técnica: coleta dos frutos de coloração marrom direto da árvore, com podão, quando outros frutos da árvore já tiverem começado a cair.
Altura média das matrizes: 15 a 20 m.

BENEFICIAMENTO
Técnica: secar os frutos à sombra e esfregá--los em peneira para remoção das asas.
Secagem: tolerante.
Armazenamento: < 1 mês.

SEMEADURA
Quebra de dormência: desnecessária.
Germinação esperada: 40% a 60%.
Tempo para emergência: 15 a 30 dias.

PRODUÇÃO DE MUDAS
Tolerância à repicagem: alta.
Pragas e doenças: nada em particular.
Tempo de produção: 4 a 5 meses; *altura:* 20 a 40 cm; *diâmetro do colo:* > 3 mm.

Fruto: seco indeiscente, alado, dispersão anemocórica.

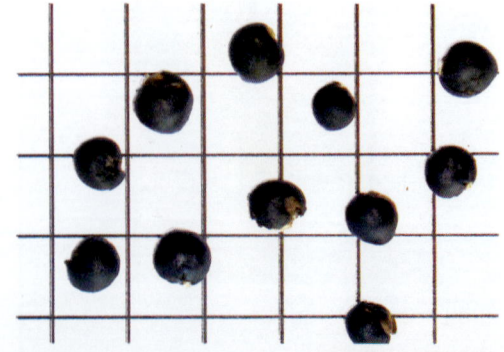

Semente: ortodoxa, sem dormência, 3.000 sementes/kg.

Face superior Face inferior

0 1 2 3 cm

DETALHES MORFOLÓGICOS

Estípulas transformadas em espinhos

Folhas discolores e ponta de folha voltada para dentro

Triplaris americana L.

POLYGONACEAE
Pau-formiga

Produção de sementes e mudas

COLETA DE SEMENTES
Período: setembro a novembro.
Técnica: coleta dos frutos de coloração marrom direto da árvore, com podão, quando outros frutos da árvore já tiverem começado a cair.
Altura média das matrizes: 5 a 10 m.

BENEFICIAMENTO
Técnica: secar os frutos à sombra e esfregá-los em peneira para remoção das asas.
Secagem: tolerante.
Armazenamento: < 6 meses.

SEMEADURA
Quebra de dormência: desnecessária.
Germinação esperada: 60% a 80%.
Tempo para emergência: < 15 dias.

PRODUÇÃO DE MUDAS
Tolerância à repicagem: alta.
Pragas e doenças: nada em particular.
Tempo de produção: 3 a 4 meses; *altura:* 20 a 30 cm; *diâmetro do colo:* > 4 mm.

Fruto: seco indeiscente, alado, dispersão anemocórica.

Semente: ortodoxa, sem dormência, 23.800 sementes/kg.

Face superior

Face inferior

0 1 2 3 cm

DETALHES MORFOLÓGICOS

Ócrea

Estípula terminal avermelhada

Myrsine coriacea
(Sw.) R. Br. ex Roem. & Schult.

PRIMULACEAE
Capororoca

Produção de sementes e mudas

COLETA DE SEMENTES
Período: janeiro a março.
Técnica: coleta dos frutos de coloração roxa passando para o preto direto da árvore, com podão.
Altura média das matrizes: 5 a 10 m.

BENEFICIAMENTO
Técnica: esfregar os frutos em peneira sob água corrente para a remoção da polpa e separação das sementes.
Secagem: tolerante.
Armazenamento: < 1 ano.

SEMEADURA
Quebra de dormência: desnecessária.
Germinação esperada: 60% a 80%.
Tempo para emergência: 15 a 30 dias.

PRODUÇÃO DE MUDAS
Tolerância à repicagem: baixa.
Pragas e doenças: nada em particular.
Tempo de produção: 3 a 4 meses; *altura:* 20 a 30 cm; *diâmetro do colo:* > 3 mm.

Fruto: carnoso, dispersão zoocórica.

Semente: ortodoxa, sem dormência, 53.500 sementes/kg.

Face superior   Face inferior

0   1   2   3 cm

DETALHES MORFOLÓGICOS

Folhas alongadas e discolores, com a parte inferior ferrugínea e pilosa e a parte superior verde--escura e glabra

Pilosidade ferrugínea na face inferior da folha e ápice dos ramos

Base do limbo revoluta

Myrsine guianensis
(Aubl.) Kuntze

PRIMULACEAE
Capororoca-branca

Produção de sementes e mudas

COLETA DE SEMENTES
Período: janeiro a março.
Técnica: coleta dos frutos de coloração roxa passando para o preto direto da árvore, com podão.
Altura média das matrizes: 5 a 10 m.

BENEFICIAMENTO
Técnica: esfregar os frutos em peneira sob água corrente para a remoção da polpa e separação das sementes.
Secagem: tolerante.
Armazenamento: < 1 ano.

SEMEADURA
Quebra de dormência: desnecessária.
Germinação esperada: 40% a 60%.
Tempo para emergência: 15 a 30 dias.

PRODUÇÃO DE MUDAS
Tolerância à repicagem: alta.
Pragas e doenças: nada em particular.
Tempo de produção: 3 a 4 meses; *altura:* 20 a 30 cm; *diâmetro do colo:* > 3 mm.

Fruto: carnoso, dispersão zoocórica.

Semente: ortodoxa, sem dormência, 60.470 sementes/kg.

Face superior Face inferior

0 1 2 3 cm

DETALHES MORFOLÓGICOS

Ramos jovens avermelhados

Base do limbo revoluto, com pontuações negras

Ausência de glândulas lineares na face inferior da folha

Myrsine umbellata
Mart.

PRIMULACEAE
Capororocão

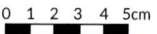

Produção de sementes e mudas

COLETA DE SEMENTES
Período: janeiro a março.
Técnica: coleta dos frutos de coloração roxa passando para o preto direto da árvore, com podão.
Altura média das matrizes: 5 a 10 m.

BENEFICIAMENTO
Técnica: esfregar os frutos em peneira sob água corrente para a remoção da polpa e separação das sementes.
Secagem: tolerante.
Armazenamento: < 1 ano.

SEMEADURA
Quebra de dormência: desnecessária.
Germinação esperada: 60% a 80%.
Tempo para emergência: 15 a 30 dias.

PRODUÇÃO DE MUDAS
Tolerância à repicagem: alta.
Pragas e doenças: nada em particular.
Tempo de produção: 3 a 4 meses; *altura:* 20 a 30 cm; *diâmetro do colo:* > 3 mm.

Fruto: carnoso, dispersão zoocórica.

Semente: ortodoxa, sem dormência, 65.600 sementes/kg.

Face superior　　　　　　　　　　　　　　　　　　　　　　　　　Face inferior

0　1　2　3 cm

DETALHES MORFOLÓGICOS

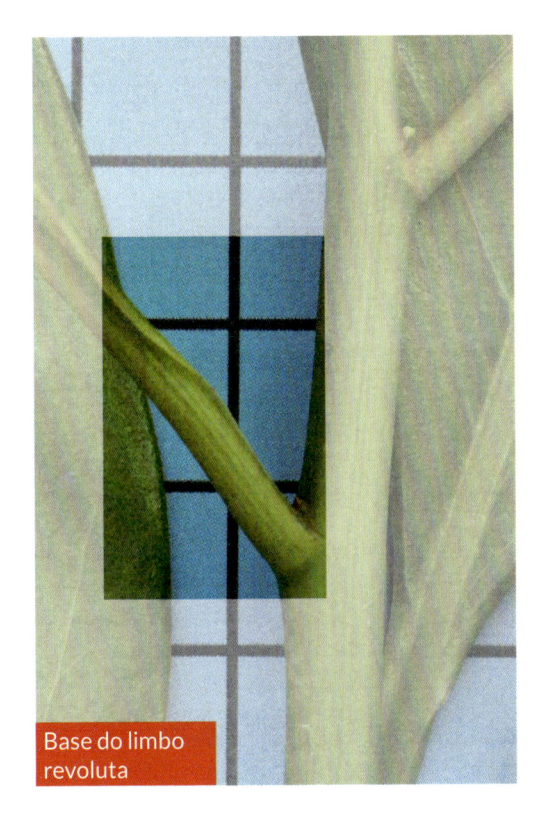

Base do limbo revoluta

Glândulas lineares na face inferior da folha

Roupala montana var. *montana* Aubl.

PROTEACEAE
Carvalho-brasileiro

Produção de sementes e mudas

COLETA DE SEMENTES
Período: agosto a outubro.
Técnica: coleta dos frutos de coloração verde e ainda fechados direto da árvore, com podão, quando outros frutos da árvore já tiverem começado a se abrir.
Altura média das matrizes: 5 a 10 m.

BENEFICIAMENTO
Técnica: secar os frutos ao sol até abertura espontânea e liberação das sementes, que são separadas dos frutos manualmente, com auxílio de peneira.

Secagem: tolerante.
Armazenamento: < 6 meses.

SEMEADURA
Quebra de dormência: desnecessária.
Germinação esperada: 40% a 60%.
Tempo para emergência: 15 a 30 dias.

PRODUÇÃO DE MUDAS
Tolerância à repicagem: média.
Pragas e doenças: seca do ponteiro.
Tempo de produção: 4 a 5 meses; *altura:* 20 a 30 cm; *diâmetro do colo:* > 3 mm.

Fruto: seco deiscente, semente alada, dispersão anemocórica.

Semente: ortodoxa, sem dormência, 75.000 sementes/kg.

Face superior

Face inferior

0 1 2 3 cm

DETALHES MORFOLÓGICOS

Folhas discolores (face superior verde e inferior ferrugínea)

Folíolo assimétrico, borda lisa até metade da altura de um dos lados do folíolo

Bordo serreado

Colubrina glandulosa Perkins

RHAMNACEAE
Sobrasil

Produção de sementes e mudas

COLETA DE SEMENTES
Período: janeiro a março.
Técnica: coleta dos frutos de coloração marrom e ainda fechados direto da árvore, com podão, quando outros frutos da árvore já tiverem começado a se abrir.
Altura média das matrizes: 5 a 10 m.

BENEFICIAMENTO
Técnica: secar os frutos ao sol até abertura espontânea e liberação das sementes, que são separadas dos frutos manualmente, com auxílio de peneira.

Secagem: tolerante.
Armazenamento: > 1 ano.

SEMEADURA
Quebra de dormência: desnecessária.
Germinação esperada: 80% a 100%.
Tempo para emergência: < 15 dias.

PRODUÇÃO DE MUDAS
Tolerância à repicagem: média.
Pragas e doenças: nada em particular.
Tempo de produção: 4 a 5 meses; *altura:* 10 a 20 cm; *diâmetro do colo:* > 3 mm.

Fruto: seco deiscente, dispersão autocórica.

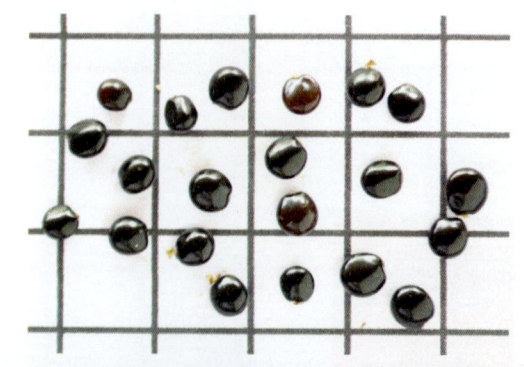

Semente: ortodoxa, tegumento impermeável, 48.000 sementes/kg.

Face superior

Face inferior

0　1　2　3 cm

DETALHES MORFOLÓGICOS

Pilosidade ferrugínea das folhas e ramos jovens

Glândulas no limbo

Nervuras principais e secundárias bem evidentes

Rhamnidium elaeocarpum Reissek

RHAMNACEAE
Saguaraji-amarelo

Produção de sementes e mudas

COLETA DE SEMENTES
Período: dezembro a fevereiro.
Técnica: coleta dos frutos de coloração roxo-escura direto da árvore, com podão.
Altura média das matrizes: 10 a 15 m.

BENEFICIAMENTO
Técnica: esfregar os frutos em peneira sob água corrente para a remoção da polpa e separação das sementes.
Secagem: intolerante.
Armazenamento: < 1 semana.

SEMEADURA
Quebra de dormência: desnecessária.
Germinação esperada: 80% a 100%.
Tempo para emergência: < 15 dias.

PRODUÇÃO DE MUDAS
Tolerância à repicagem: baixa.
Pragas e doenças: nada em particular.
Tempo de produção: 3 a 4 meses; *altura:* 15 a 30 cm; *diâmetro do colo:* > 3 mm.

Fruto: carnoso, dispersão zoocórica.

Semente: recalcitrante, sem dormência, 18.300 sementes/kg.

Face superior   Face inferior

0 1 2 3 cm

DETALHES MORFOLÓGICOS

Falsa estípula

Nervuras marcadas em ambas as faces da folha

Prunus myrtifolia (L.) Urb.

ROSACEAE
Pessegueiro-bravo

Produção de sementes e mudas

COLETA DE SEMENTES
Período: setembro a novembro.
Técnica: coleta dos frutos de coloração verde passando para o vermelho direto da árvore, com podão.
Altura média das matrizes: 5 a 10 m.

BENEFICIAMENTO
Técnica: esfregar os frutos em peneira sob água corrente para a remoção da polpa e separação das sementes.
Secagem: tolerante.
Armazenamento: < 3 meses.

SEMEADURA
Quebra de dormência: desnecessária.
Germinação esperada: 80% a 100%.
Tempo para emergência: 15 a 30 dias.

PRODUÇÃO DE MUDAS
Tolerância à repicagem: alta.
Pragas e doenças: nada em particular.
Tempo de produção: 3 a 4 meses; *altura:* 20 a 30 cm; *diâmetro do colo:* > 3 mm.

Fruto: carnoso, dispersão zoocórica.

Semente: ortodoxa, sem dormência, 2.400 sementes/kg.

Face superior

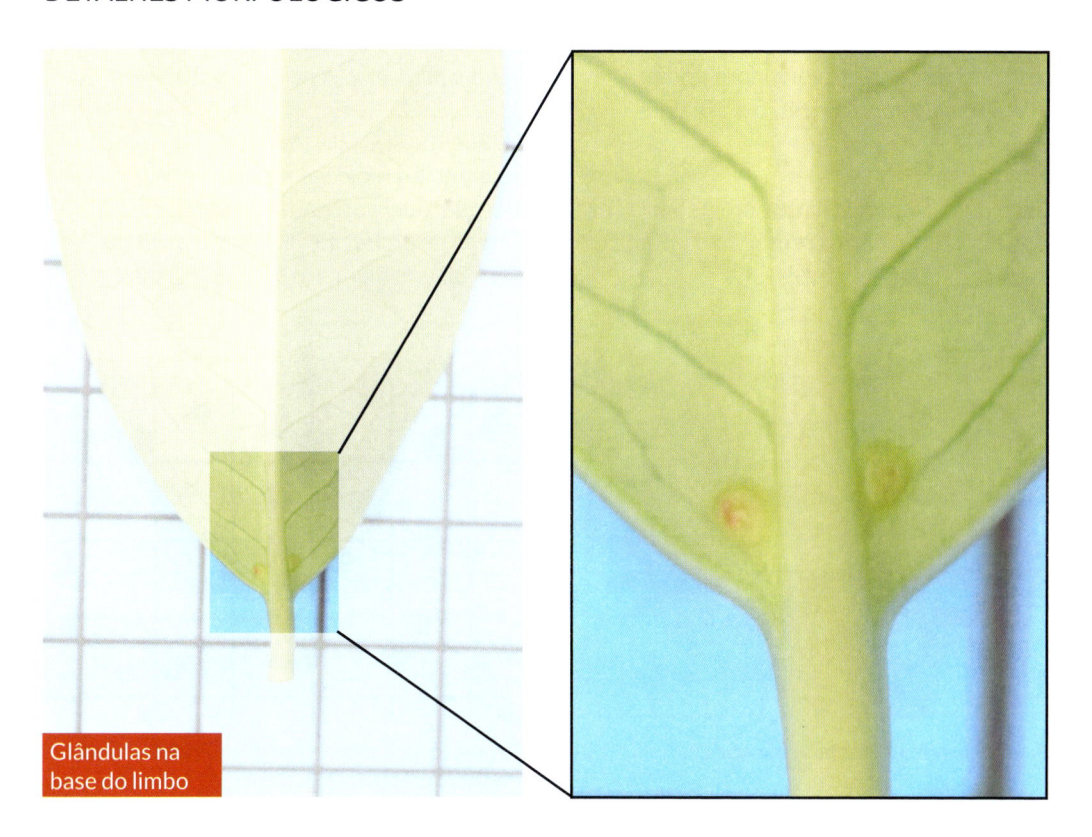

Face inferior

0 1 2 3 cm

DETALHES MORFOLÓGICOS

Glândulas na base do limbo

Alibertia edulis
(Rich.) A. Rich.

RUBIACEAE
Goiabeira-preta

Produção de sementes e mudas

COLETA DE SEMENTES
Período: novembro a janeiro.
Técnica: coleta dos frutos de coloração amarela direto da árvore, com podão.
Altura média das matrizes: 5 a 10 m.

BENEFICIAMENTO
Técnica: esfregar os frutos em peneira sob água corrente para a remoção da polpa e separação das sementes.
Secagem: tolerante.
Armazenamento: > 1 ano.

SEMEADURA
Quebra de dormência: desnecessária.
Germinação esperada: 80% a 100%.
Tempo para emergência: 15 a 30 dias.

PRODUÇÃO DE MUDAS
Tolerância à repicagem: alta.
Pragas e doenças: nada em particular.
Tempo de produção: 3 a 4 meses; *altura:* 15 a 30 cm; *diâmetro do colo:* > 3 mm.

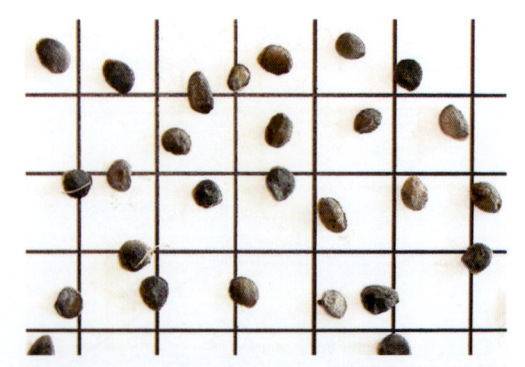

Fruto: carnoso, dispersão zoocórica.

Semente: ortodoxa, sem dormência, 98.000 sementes/kg.

Face superior

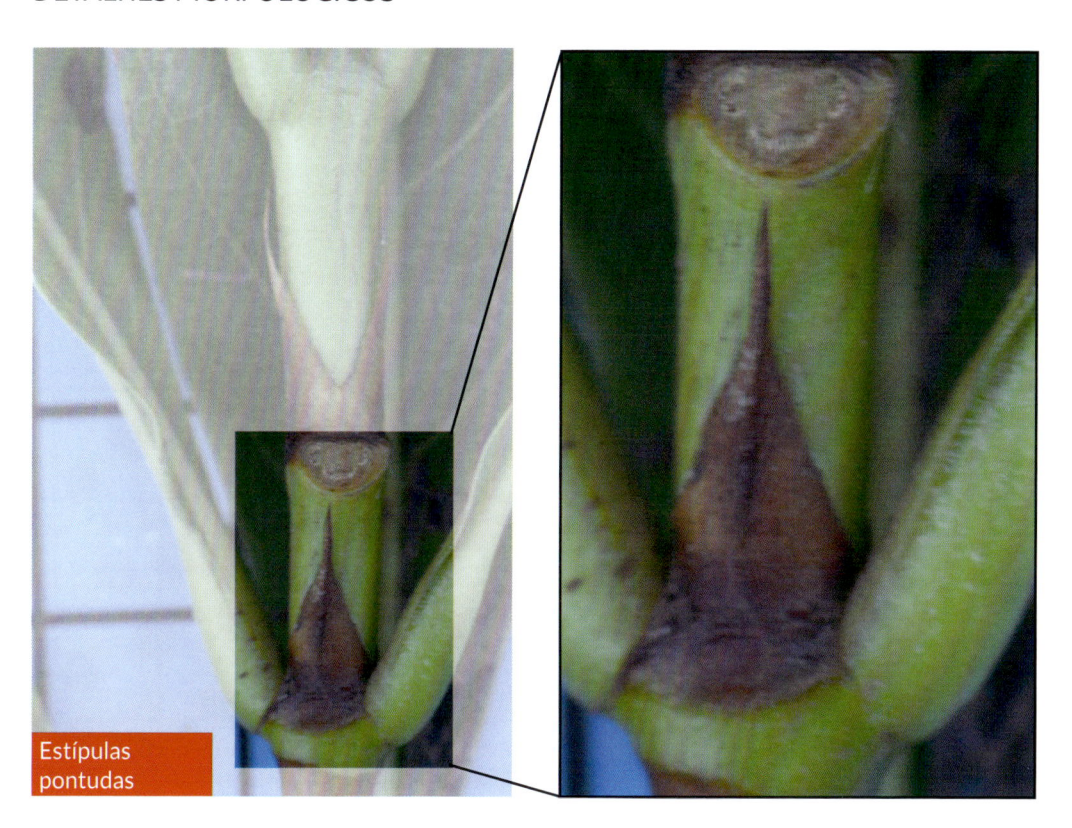

Face inferior

0 1 2 3 cm

DETALHES MORFOLÓGICOS

Estípulas pontudas

Amaioua intermedia Mart. ex Schult. & Schult. f.

RUBIACEAE
Carvoeiro

Produção de sementes e mudas

COLETA DE SEMENTES
Período: abril a maio.
Técnica: coleta dos frutos de coloração roxo-escura direto da árvore, com podão.
Altura média das matrizes: 5 a 10 m.

BENEFICIAMENTO
Técnica: esfregar os frutos em peneira sob água corrente para a remoção da polpa e separação das sementes.
Secagem: tolerante.
Armazenamento: > 1 ano.

SEMEADURA
Quebra de dormência: desnecessária.
Germinação esperada: 60% a 80%.
Tempo para emergência: 30 a 45 dias.

PRODUÇÃO DE MUDAS
Tolerância à repicagem: média.
Pragas e doenças: nada em particular.
Tempo de produção: 3 a 4 meses; *altura:* 15 a 30 cm; *diâmetro do colo:* > 3 mm.

Fruto: carnoso, dispersão zoocórica.

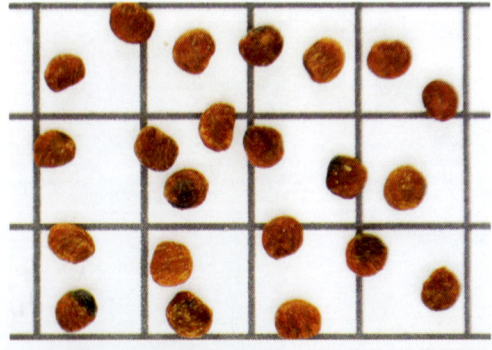

Semente: ortodoxa, sem dormência, 107.150 sementes/kg.

Face superior

Face inferior

0   1   2   3 cm

DETALHES MORFOLÓGICOS

Estípula terminal e folhas verticiladas

Estípula remanescente no ramo

Genipa americana L.

RUBIACEAE
Jenipapeiro

Produção de sementes e mudas

COLETA DE SEMENTES
Período: outubro a dezembro.
Técnica: coleta dos frutos de coloração marrom e polpa mole no chão ou direto da árvore, com podão, quando os frutos da árvore já tiverem começado a cair.
Altura média das matrizes: 10 a 15 m.

BENEFICIAMENTO
Técnica: esfregar os frutos em peneira sob água corrente para a remoção da polpa e separação das sementes.
Secagem: tolerante.
Armazenamento: < 6 meses.

SEMEADURA
Quebra de dormência: desnecessária.
Germinação esperada: 80% a 100%.
Tempo para emergência: 15 a 30 dias.

PRODUÇÃO DE MUDAS
Tolerância à repicagem: alta.
Pragas e doenças: nada em particular.
Tempo de produção: 3 a 4 meses; *altura:* 20 a 30 cm; *diâmetro do colo:* > 4 mm.

Fruto: carnoso, dispersão zoocórica.

Semente: ortodoxa, sem dormência, 12.920 sementes/kg.

Face superior

Face inferior

0 1 2 3 cm

DETALHES MORFOLÓGICOS

Estípula interpeciolar afinada

Psychotria carthagenensis Jacq.

RUBIACEAE
Erva-de-rato

Produção de sementes e mudas

COLETA DE SEMENTES
Período: setembro a novembro.
Técnica: coleta dos frutos de coloração vermelha direto da árvore, com podão.
Altura média das matrizes: < 5 m.

BENEFICIAMENTO
Técnica: esfregar os frutos em peneira sob água corrente para a remoção da polpa e separação das sementes.
Secagem: pouco tolerante.
Armazenamento: < 3 meses.

SEMEADURA
Quebra de dormência: desnecessária.
Germinação esperada: 60% a 80%.
Tempo para emergência: 15 a 30 dias.

PRODUÇÃO DE MUDAS
Tolerância à repicagem: média.
Pragas e doenças: nada em particular.
Tempo de produção: 3 a 4 meses; *altura:* 15 a 25 cm; *diâmetro do colo:* > 3 mm.

Fruto: carnoso, dispersão zoocórica.

Semente: intermediária, sem dormência, 25.000 sementes/kg.

Face superior   Face inferior

0 1 2 3 cm

DETALHES MORFOLÓGICOS

Folhas discolores

Estípula interpeciolar foliácea

Rudgea viburnoides (Cham.) Benth.

RUBIACEAE
Casca-branca

Produção de sementes e mudas

COLETA DE SEMENTES
Período: outubro a dezembro.
Técnica: coleta dos frutos de coloração amarela direto da árvore.
Altura média das matrizes: < 8 m.

BENEFICIAMENTO
Técnica: esfregar os frutos em peneira sob água corrente para a remoção da polpa e separação das sementes.
Secagem: intolerante.
Armazenamento: < 1 mês.

SEMEADURA
Quebra de dormência: desnecessária.
Germinação esperada: < 40%.
Tempo para emergência: 15 a 30 dias.

PRODUÇÃO DE MUDAS
Tolerância à repicagem: baixa.
Pragas e doenças: nada em particular.
Tempo de produção: 5 a 6 meses; *altura:* 15 a 20 cm; *diâmetro do colo:* > 3 mm.

Fruto: carnoso, dispersão zoocórica.

Semente: recalcitrante, sem dormência, 45.000 sementes/kg.

Face superior

Face inferior

0 1 2 3 cm

DETALHES MORFOLÓGICOS

Estípula interpeciolar

Pilosidade abundante na face inferior da folha

Balfourodendron riedelianum (Engl.) Engl.

RUTACEAE
Pau-marfim

Produção de sementes e mudas

COLETA DE SEMENTES
Período: junho a agosto.
Técnica: coleta dos frutos de coloração marrom-clara e já secos direto da árvore, com podão, quando outros frutos da árvore já tiverem começado a cair. Outra opção, mais recomendada, é forrar o chão ao redor da árvore com uma lona e balançar os galhos no horário mais quente do dia, desde que não esteja ventando, para que as sementes sejam recolhidas.
Altura média das matrizes: 5 a 10 m.

BENEFICIAMENTO
Técnica: secar os frutos à sombra e esfregá-los em peneira para remoção das asas.

Secagem: tolerante.
Armazenamento: > 1 ano.

SEMEADURA
Quebra de dormência: desnecessária.
Germinação esperada: < 20%.
Tempo para emergência: 15 a 30 dias.

PRODUÇÃO DE MUDAS
Tolerância à repicagem: alta.
Pragas e doenças: nada em particular.
Tempo de produção: 3 a 4 meses; *altura:* 15 a 25 cm; *diâmetro do colo:* > 3 mm.

Fruto: seco indeiscente, alado, dispersão anemocórica.

Semente: ortodoxa, sem dormência, 2.400 sementes/kg.

Face superior

Face inferior

0 1 2 3 cm

DETALHES MORFOLÓGICOS

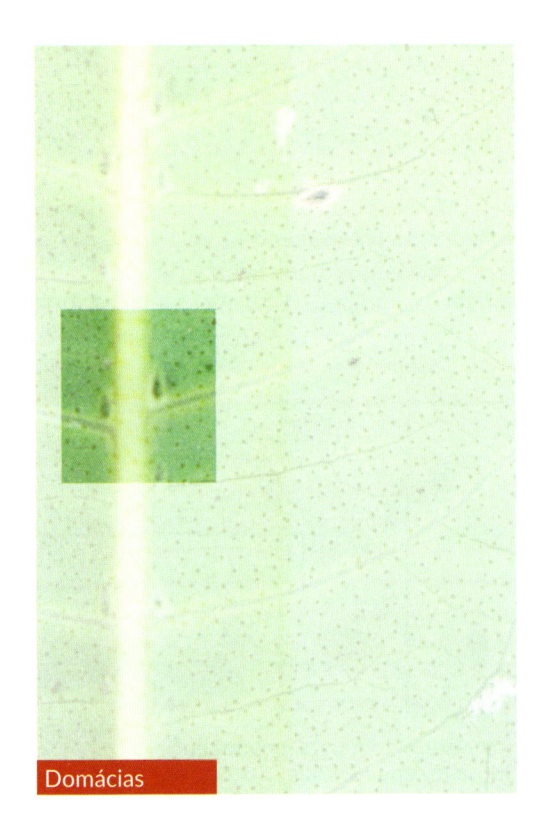

Domácias

Glândulas translúcidas

Dictyoloma vandellianum A. Juss.

RUTACEAE
Tingui

Produção de sementes e mudas

COLETA DE SEMENTES
Período: agosto a outubro.
Técnica: coleta dos frutos de coloração marrom e ainda fechados direto da árvore, com podão, quando outros frutos da árvore já tiverem começado a se abrir.
Altura média das matrizes: 5 a 10 m.

BENEFICIAMENTO
Técnica: secar os frutos ao sol até abertura espontânea e liberação das sementes, que são separadas dos frutos manualmente, com auxílio de peneira.

Secagem: tolerante.
Armazenamento: > 1 ano.

SEMEADURA
Quebra de dormência: desnecessária.
Germinação esperada: 80% a 100%.
Tempo para emergência: 15 a 30 dias.

PRODUÇÃO DE MUDAS
Tolerância à repicagem: alta.
Pragas e doenças: nada em particular.
Tempo de produção: 3 a 4 meses; *altura:* 15 a 25 cm; *diâmetro do colo:* > 2 mm.

Fruto: seco deiscente, semente alada, dispersão anemocórica.

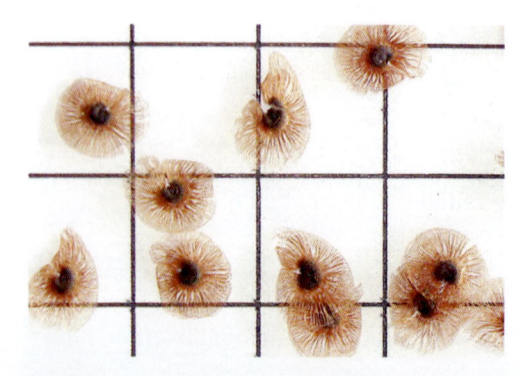

Semente: ortodoxa, sem dormência, 336.700 sementes/kg.

Face superior   Face inferior

0 1 2 3 cm

DETALHES MORFOLÓGICOS

Raque alada

Esenbeckia febrifuga
(A. St.-Hil.) A. Juss. ex Mart.

RUTACEAE
Crumarim

Produção de sementes e mudas

COLETA DE SEMENTES
Período: junho a agosto.
Técnica: coleta dos frutos de coloração verde e ainda fechados direto da árvore, com podão, quando outros frutos da árvore já tiverem começado a se abrir.
Altura média das matrizes: < 5 m.

BENEFICIAMENTO
Técnica: secar os frutos ao sol até abertura espontânea e liberação das sementes, que são separadas dos frutos manualmente, com auxílio de peneira.

Fruto: seco deiscente, abertura explosiva, dispersão autocórica.

Secagem: tolerante.
Armazenamento: > 1 ano.

SEMEADURA
Quebra de dormência: desnecessária.
Germinação esperada: 80% a 100%.
Tempo para emergência: 15 a 30 dias.

PRODUÇÃO DE MUDAS
Tolerância à repicagem: alta.
Pragas e doenças: nada em particular.
Tempo de produção: 4 a 5 meses; *altura:* 15 a 20 cm; *diâmetro do colo:* > 2 mm.

Semente: ortodoxa, sem dormência, 54.400 sementes/kg.

Face superior Face inferior

0 1 2 3 cm

DETALHES MORFOLÓGICOS

Ausência de domácias na inserção das nervuras secundárias com a principal

Esenbeckia leiocarpa
Engl.

RUTACEAE
Guarantã

Produção de sementes e mudas

COLETA DE SEMENTES
Período: junho a agosto.
Técnica: coleta dos frutos de coloração verde e ainda fechados direto da árvore, com podão, quando outros frutos da árvore já tiverem começado a se abrir.
Altura média das matrizes: 5 a 10 m.

BENEFICIAMENTO
Técnica: secar os frutos ao sol até abertura espontânea e liberação das sementes, que são separadas dos frutos manualmente, com auxílio de peneira.

Secagem: tolerante.
Armazenamento: > 1 ano.

SEMEADURA
Quebra de dormência: desnecessária.
Germinação esperada: 80% a 100%.
Tempo para emergência: 15 a 30 dias.

PRODUÇÃO DE MUDAS
Tolerância à repicagem: alta.
Pragas e doenças: nada em particular.
Tempo de produção: 4 a 5 meses; *altura:* 20 a 30 cm; *diâmetro do colo:* > 2 mm.

Fruto: seco deiscente, abertura explosiva, dispersão autocórica.

Semente: ortodoxa, sem dormência, 9.782 sementes/kg.

Face superior | Face inferior

0 1 2 3 cm

DETALHES MORFOLÓGICOS

Brotações esbranquiçadas

Lenticelas

Engrossamento do pecíolo na conexão com o limbo

Helietta apiculata Benth.

RUTACEAE
Osso-de-burro

Produção de sementes e mudas

COLETA DE SEMENTES
Período: março a maio.
Técnica: coleta dos frutos de coloração marrom-escura direto da árvore, com podão, quando outros frutos da árvore já tiverem começado a cair.
Altura média das matrizes: 5 a 10 m.

BENEFICIAMENTO
Técnica: secar os frutos à sombra e esfregá-los em peneira para remoção das asas.
Secagem: tolerante.
Armazenamento: < 1 ano.

SEMEADURA
Quebra de dormência: desnecessária.
Germinação esperada: 60% a 80%.
Tempo para emergência: 15 a 30 dias.

PRODUÇÃO DE MUDAS
Tolerância à repicagem: alta.
Pragas e doenças: nada em particular.
Tempo de produção: 4 a 5 meses; *altura:* 15 a 20 cm; *diâmetro do colo:* > 3 mm.

Fruto: seco indeiscente, alado, dispersão anemocórica.

Semente: ortodoxa, sem dormência, 44.000 sementes/kg.

Face superior

Face inferior

0 1 2 3 cm

DETALHES MORFOLÓGICOS

Ápice do folíolo afinado

Folíolos glabros, sem domácias

Caule com lenticelas abundantes

Zanthoxylum caribaeum Lam.

RUTACEAE
Mamica-fedorenta

Produção de sementes e mudas

COLETA DE SEMENTES
Período: março a abril.
Técnica: coleta dos frutos de coloração verde e ainda fechados direto da árvore, com podão, quando outros frutos da árvore já tiverem começado a se abrir.
Altura média das matrizes: 10 a 15 m.

BENEFICIAMENTO
Técnica: secar os frutos ao sol até abertura espontânea e liberação das sementes, que são separadas dos frutos manualmente, com auxílio de peneira.
Secagem: tolerante.
Armazenamento: < 6 meses.

SEMEADURA
Quebra de dormência: imersão em ácido sulfúrico concentrado por 3 minutos.
Germinação esperada: 20% a 40%.
Tempo para emergência: 90 a 120 dias.

PRODUÇÃO DE MUDAS
Tolerância à repicagem: média.
Pragas e doenças: nada em particular.
Tempo de produção: 3 a 4 meses; *altura:* 15 a 20 cm; *diâmetro do colo:* > 3 mm.

Fruto: seco deiscente, dispersão zoocórica.

Semente: ortodoxa, tegumento impermeável, 37.700 sementes/kg.

Face superior

Face inferior

0 1 2 3 cm

DETALHES MORFOLÓGICOS

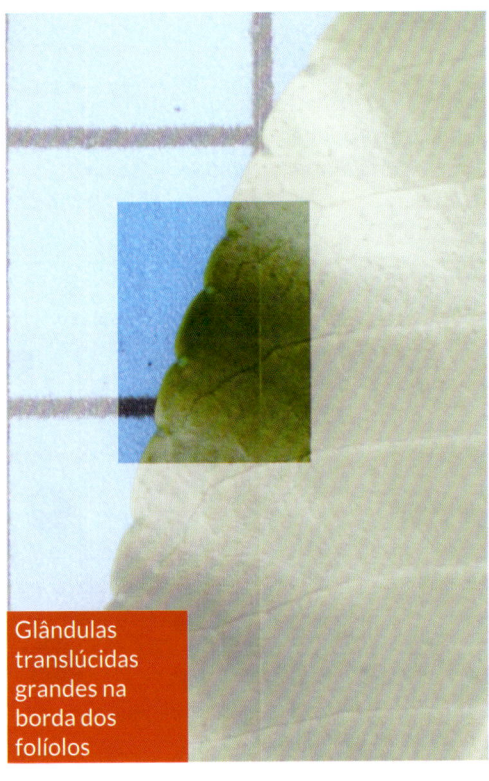

Glândulas translúcidas grandes na borda dos folíolos

Folíolos com bordo serreado

Raque caniculada

Zanthoxylum rhoifolium Lam.

RUTACEAE
Mamica-de-porca

Produção de sementes e mudas

COLETA DE SEMENTES
Período: fevereiro a abril.
Técnica: coleta dos frutos de coloração vermelha e ainda fechados direto da árvore, com podão, quando outros frutos da árvore já tiverem começado a se abrir.
Altura média das matrizes: 5 a 10 m.

BENEFICIAMENTO
Técnica: secar os frutos ao sol até abertura espontânea e liberação das sementes, que são separadas dos frutos manualmente, com auxílio de peneira.
Secagem: tolerante.
Armazenamento: < 6 meses.

SEMEADURA
Quebra de dormência: imersão em ácido sulfúrico concentrado por 3 minutos.
Germinação esperada: 20% a 40%.
Tempo para emergência: 90 a 120 dias.

PRODUÇÃO DE MUDAS
Tolerância à repicagem: média.
Pragas e doenças: nada em particular.
Tempo de produção: 3 a 4 meses; *altura:* 15 a 20 cm; *diâmetro do colo:* > 3 mm.

Fruto: seco deiscente, dispersão zoocórica.

Semente: ortodoxa, tegumento impermeável, 45.000 sementes/kg.

Face superior

Face inferior

0 1 2 3 cm

DETALHES MORFOLÓGICOS

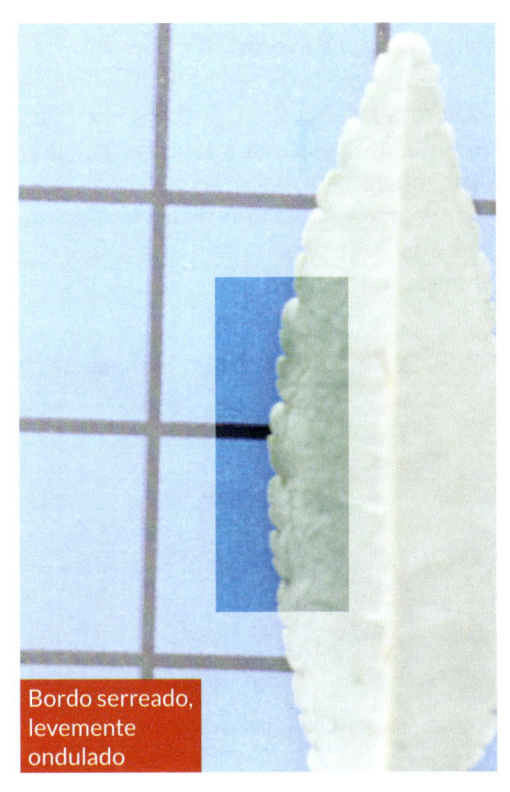

Acúleos nos pecíolos e ramos

Bordo serreado, levemente ondulado

Zanthoxylum riedelianum Engl.

RUTACEAE
Mamica-de-cadela

Produção de sementes e mudas

COLETA DE SEMENTES
Período: fevereiro a abril.
Técnica: coleta dos frutos de coloração verde e ainda fechados direto da árvore, com podão, quando outros frutos da árvore já tiverem começado a se abrir.
Altura média das matrizes: 8 a 14 m.

BENEFICIAMENTO
Técnica: secar os frutos ao sol até abertura espontânea e liberação das sementes, que são separadas dos frutos manualmente, com auxílio de peneira.
Secagem: tolerante.
Armazenamento: < 6 meses.

SEMEADURA
Quebra de dormência: imersão em ácido sulfúrico concentrado por 3 minutos.
Germinação esperada: 20% a 40%.
Tempo para emergência: 90 a 120 dias.

PRODUÇÃO DE MUDAS
Tolerância à repicagem: média.
Pragas e doenças: nada em particular.
Tempo de produção: 4 a 5 meses; *altura:* 15 a 20 cm; *diâmetro do colo:* > 3 mm.

Fruto: seco deiscente, dispersão zoocórica.

Semente: ortodoxa, tegumento impermeável, 43.000 sementes/kg.

Face superior

Face inferior

0 1 2 3 cm

DETALHES MORFOLÓGICOS

Folíolos com bordo levemente serreado

Casearia sylvestris Sw.

SALICACEAE
Guaçatonga

Produção de sementes e mudas

COLETA DE SEMENTES
Período: agosto a outubro.
Técnica: coleta dos frutos de coloração verde e ainda fechados direto da árvore, com podão, quando outros frutos da árvore já tiverem começado a se abrir, expondo as sementes com arilo laranja.
Altura média das matrizes: < 5 m.

BENEFICIAMENTO
Técnica: secar os frutos ao sol até se abrirem espontaneamente, separar as sementes manualmente e esfregá-las em peneira sob água corrente para remoção do arilo.

Secagem: tolerante.
Armazenamento: < 6 meses.

SEMEADURA
Quebra de dormência: desnecessária.
Germinação esperada: 60% a 80%.
Tempo para emergência: 30 a 45 dias.

PRODUÇÃO DE MUDAS
Tolerância à repicagem: média.
Pragas e doenças: nada em particular.
Tempo de produção: 3 a 4 meses; *altura:* 15 a 30 cm; *diâmetro do colo:* > 3 mm.

Fruto: seco deiscente, semente com arilo, dispersão zoocórica.

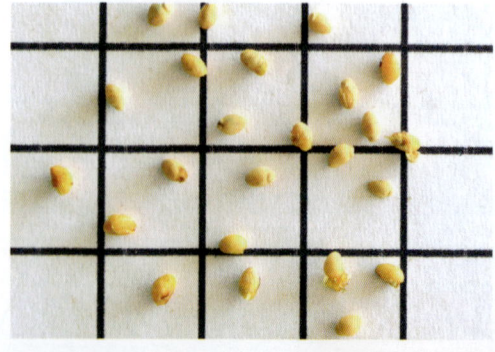

Semente: ortodoxa, sem dormência, 78.000 sementes/kg.

Face superior   Face inferior

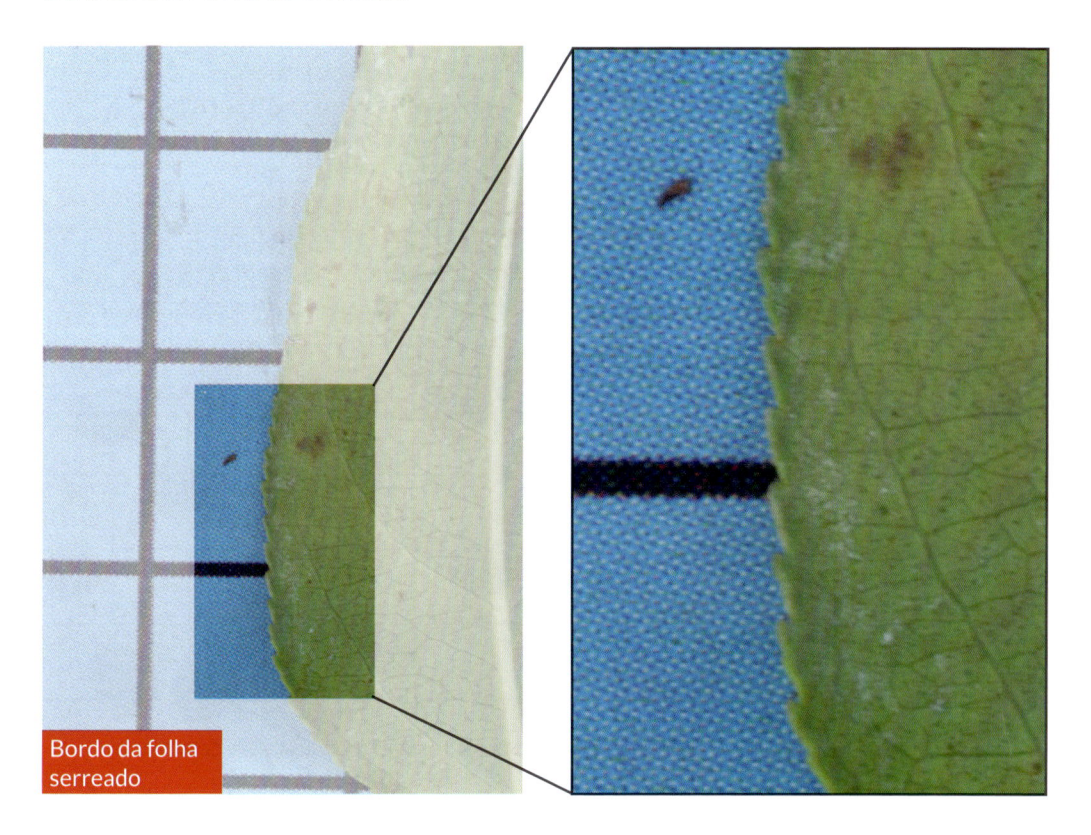

0   1   2   3 cm

DETALHES MORFOLÓGICOS

Bordo da folha serreado

Cupania vernalis
Cambess.

SAPINDACEAE
Camboatã-vermelho

Produção de sementes e mudas

COLETA DE SEMENTES
Período: setembro a novembro.
Técnica: coleta dos frutos de coloração marrom e ainda fechados direto da árvore, com podão, quando outros frutos da árvore já tiverem começado a se abrir.
Altura média das matrizes: 5 a 10 m.

BENEFICIAMENTO
Técnica: secar os frutos à sombra até se abrirem espontaneamente, separar as sementes manualmente e esfregá-las em peneira sob água corrente para remoção do arilo.

Secagem: pouco tolerante.
Armazenamento: < 6 meses.

SEMEADURA
Quebra de dormência: desnecessária.
Germinação esperada: 60% a 80%.
Tempo para emergência: 30 a 45 dias.

PRODUÇÃO DE MUDAS
Tolerância à repicagem: alta.
Pragas e doenças: nada em particular.
Tempo de produção: 3 a 4 meses; *altura:* 15 a 30 cm; *diâmetro do colo:* > 3 mm.

Fruto: seco deiscente, semente com arilo, dispersão zoocórica.

Semente: intermediária, sem dormência, 2.600 sementes/kg.

Face superior · Face inferior

0 1 2 3 cm

DETALHES MORFOLÓGICOS

Ramos caniculados

Bordos caniculados

Diatenopteryx sorbifolia Radlk.

SAPINDACEAE
Correieira

Produção de sementes e mudas

COLETA DE SEMENTES
Período: outubro a dezembro.
Técnica: coleta dos frutos de coloração marrom-escura direto da árvore, com podão, quando outros frutos da árvore já tiverem começado a cair.
Altura média das matrizes: 10 a 15 m.

BENEFICIAMENTO
Técnica: secar os frutos à sombra e esfregá-los em peneira para remoção das asas.
Secagem: tolerante.
Armazenamento: < 1 ano.

SEMEADURA
Quebra de dormência: desnecessária.
Germinação esperada: 40% a 60%.
Tempo para emergência: 15 a 30 dias.

PRODUÇÃO DE MUDAS
Tolerância à repicagem: baixa.
Pragas e doenças: nada em particular.
Tempo de produção: 3 a 4 meses; *altura:* 15 a 20 cm; *diâmetro do colo:* > 2 mm.

Fruto: seco indeiscente, alado, dispersão anemocórica.

Semente: ortodoxa, sem dormência, 36.800 sementes/kg.

Face superior

Face inferior

0　1　2　3 cm

DETALHES MORFOLÓGICOS

Bordo serreado característico

Dilodendron bipinnatum Radlk.

SAPINDACEAE
Maria-pobre

Produção de sementes e mudas

COLETA DE SEMENTES
Período: setembro a novembro.
Técnica: coleta dos frutos de coloração marrom e ainda fechados direto da árvore, com podão, quando outros frutos da árvore já tiverem começado a se abrir.
Altura média das matrizes: 5 a 10 m.

BENEFICIAMENTO
Técnica: secar os frutos à sombra até se abrirem espontaneamente, separar as sementes manualmente e esfregá-las em peneira sob água corrente para remoção do arilo.

Secagem: pouco tolerante.
Armazenamento: < 6 meses.

SEMEADURA
Quebra de dormência: desnecessária.
Germinação esperada: 20% a 40%.
Tempo para emergência: 15 a 30 dias.

PRODUÇÃO DE MUDAS
Tolerância à repicagem: média.
Pragas e doenças: nada em particular.
Tempo de produção: 3 a 4 meses; *altura:* 15 a 25 cm; *diâmetro do colo:* > 2 mm.

Fruto: seco deiscente, semente com arilo, dispersão zoocórica.

Semente: intermediária, sem dormência, 2.300 sementes/kg.

Face superior

Face inferior

0 1 2 3 cm

DETALHES MORFOLÓGICOS

Ramos com pilosidade ferrugínea

Folíolos com formato variável

Magonia pubescens
A. St.-Hil.

SAPINDACEAE
Tingui-do-cerrado

Produção de sementes e mudas

COLETA DE SEMENTES
Período: agosto a outubro.
Técnica: coleta dos frutos de coloração marrom e ainda fechados direto da árvore, com podão, quando outros frutos da árvore já tiverem começado a se abrir.
Altura média das matrizes: 5 a 10 m.

BENEFICIAMENTO
Técnica: secar os frutos ao sol até abertura espontânea e liberação das sementes, que são separadas dos frutos manualmente, com auxílio de peneira.

Secagem: tolerante.
Armazenamento: < 1 ano.

SEMEADURA
Quebra de dormência: desnecessária.
Germinação esperada: 60% a 80%.
Tempo para emergência: 15 a 30 dias.

PRODUÇÃO DE MUDAS
Tolerância à repicagem: baixa.
Pragas e doenças: nada em particular.
Tempo de produção: 4 a 5 meses; *altura:* 15 a 20 cm; *diâmetro do colo:* > 2 mm.

Fruto: seco deiscente, semente alada, dispersão anemocórica.

Semente: ortodoxa, sem dormência, 450 sementes/kg.

Face superior

Face inferior

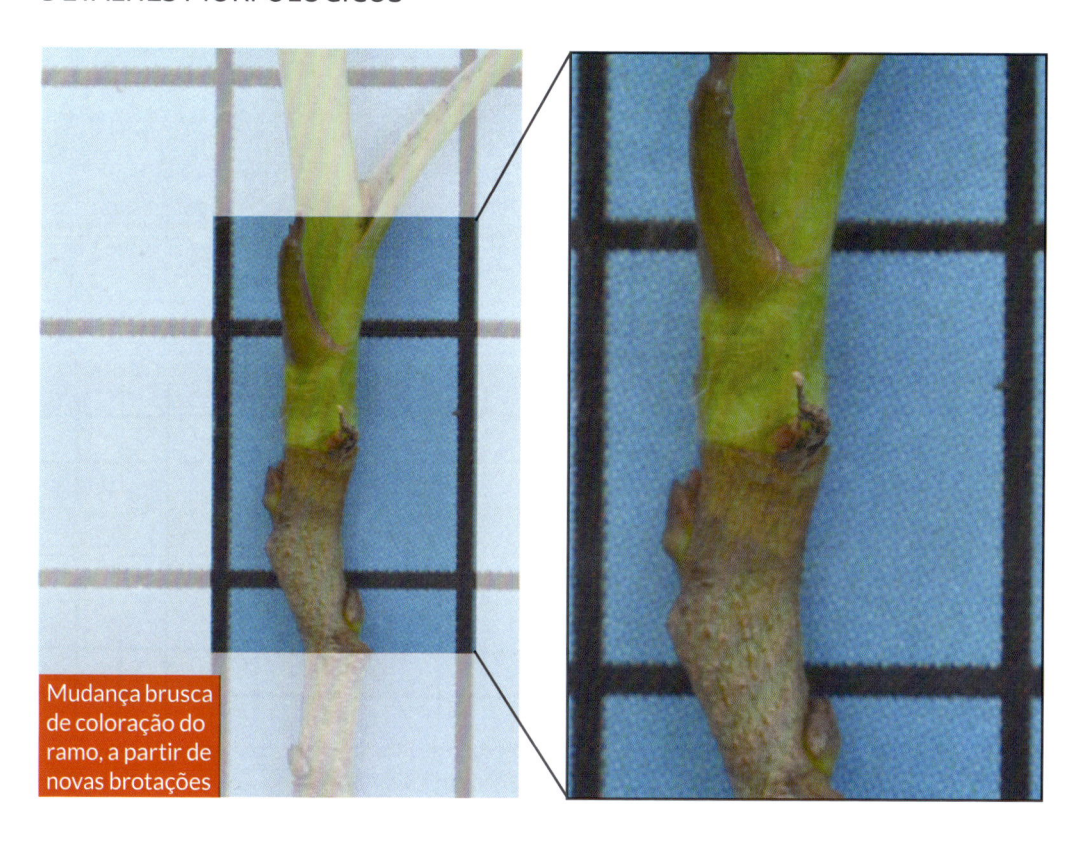

0　1　2　3 cm

DETALHES MORFOLÓGICOS

Mudança brusca de coloração do ramo, a partir de novas brotações

Pouteria ramiflora
(Mart.) Radlk.

SAPOTACEAE
Maçaranduba

Produção de sementes e mudas

COLETA DE SEMENTES
Período: janeiro a março.
Técnica: coleta dos frutos de coloração verde-amarelada do chão ou direto da árvore, com podão.
Altura média das matrizes: 10 a 15 m.

BENEFICIAMENTO
Técnica: esfregar os frutos em peneira sob água corrente para a remoção da polpa e separação das sementes.
Secagem: pouco tolerante.
Armazenamento: < 3 meses.

SEMEADURA
Quebra de dormência: desnecessária.
Germinação esperada: 60% a 80%.
Tempo para emergência: 15 a 30 dias.

PRODUÇÃO DE MUDAS
Tolerância à repicagem: média.
Pragas e doenças: nada em particular.
Tempo de produção: 4 a 5 meses; *altura:* 20 a 30 cm; *diâmetro do colo:* > 3 mm.

Fruto: carnoso, dispersão zoocórica.

Semente: intermediária, sem dormência, 900 sementes/kg.

Face superior

Face inferior

0 1 2 3 cm

DETALHES MORFOLÓGICOS

Látex branco

Caule castanho, com fissuras

Acnistus arborescens (L.) Schltdl.

SOLANACEAE
Fruto-de-sabiá

Produção de sementes e mudas

COLETA DE SEMENTES
Período: setembro a novembro.
Técnica: coleta dos frutos de coloração laranja direto da árvore, com podão.
Altura média das matrizes: < 5 m.

BENEFICIAMENTO
Técnica: esfregar os frutos em peneira sob água corrente para a remoção da polpa e separação das sementes.
Secagem: tolerante.
Armazenamento: > 1 ano.

SEMEADURA
Quebra de dormência: desnecessária.
Germinação esperada: 80% a 100%.
Tempo para emergência: < 15 dias.

PRODUÇÃO DE MUDAS
Tolerância à repicagem: alta.
Pragas e doenças: nada em particular.
Tempo de produção: 3 a 4 meses; *altura:* 15 a 20 cm; *diâmetro do colo:* > 4 mm.

Fruto: carnoso, dispersão zoocórica.

Semente: ortodoxa, sem dormência, 3.000.000 sementes/kg.

Face superior

Face inferior

0 1 2 3 cm

DETALHES MORFOLÓGICOS

Lenticelas abundantes nos ramos

Solanum granulosoleprosum Dunal

SOLANACEAE
Joá

Produção de sementes e mudas

COLETA DE SEMENTES
Período: outubro a fevereiro.
Técnica: coleta dos frutos de coloração verde-amarelada direto da árvore, com podão. Como os frutos permanecem esverdeados até o final da maturação, deve-se ter especial atenção para coletá-los apenas quando as sementes já estiverem bem "granadas".
Altura média das matrizes: < 5 m.

BENEFICIAMENTO
Técnica: esfregar os frutos em peneira sob água corrente para a remoção da polpa e separação das sementes.

Secagem: tolerante.
Armazenamento: > 1 ano.

SEMEADURA
Quebra de dormência: desnecessária.
Germinação esperada: 60% a 80%.
Tempo para emergência: < 15 dias.

PRODUÇÃO DE MUDAS
Tolerância à repicagem: alta.
Pragas e doenças: nada em particular.
Tempo de produção: 2 a 3 meses; *altura:* 15 a 25 cm; *diâmetro do colo:* > 3 mm.

Fruto: carnoso, dispersão zoocórica.

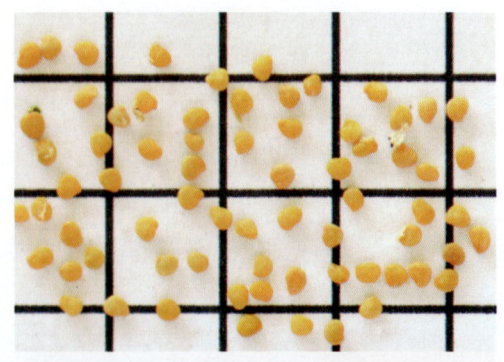

Semente: ortodoxa, dormência fisiológica, 670.000 sementes/kg.

Face superior

Face inferior

0 1 2 3 cm

DETALHES MORFOLÓGICOS

Face inferior da folha pilosa e esbranquiçada

Solanum lycocarpum
A. St.-Hil.

SOLANACEAE
Fruta-de-lobo

Produção de sementes e mudas

COLETA DE SEMENTES
Período: maio a julho.
Técnica: coleta dos frutos de coloração verde-amarelada direto da árvore, com podão. Como os frutos permanecem esverdeados até o final da maturação, deve-se ter especial atenção para coletá-los apenas quando as sementes já estiverem bem "granadas".
Altura média das matrizes: < 5 m.

BENEFICIAMENTO
Técnica: esfregar os frutos em peneira sob água corrente para a remoção da polpa e separação das sementes.

Secagem: tolerante.
Armazenamento: < 6 meses.

SEMEADURA
Quebra de dormência: desnecessária.
Germinação esperada: 60% a 80%.
Tempo para emergência: 15 a 30 dias.

PRODUÇÃO DE MUDAS
Tolerância à repicagem: alta.
Pragas e doenças: nada em particular.
Tempo de produção: 3 a 4 meses; *altura:* 15 a 20 cm; *diâmetro do colo:* > 3 mm.

Fruto: carnoso, dispersão zoocórica.

Semente: ortodoxa, sem dormência, 64.500 sementes/kg.

Face superior

Face inferior

0 1 2 3 cm

DETALHES MORFOLÓGICOS

Espinhos nas nervuras

Styrax ferrugineus Nees & Mart.

STYRACACEAE
Limoeiro-do-mato

Produção de sementes e mudas

COLETA DE SEMENTES
Período: outubro a dezembro.
Técnica: coleta dos frutos de coloração verde-arroxeada direto da árvore, com podão.
Altura média das matrizes: 5 a 10 m.

BENEFICIAMENTO
Técnica: esfregar os frutos em peneira sob água corrente para a remoção da polpa e separação das sementes.
Secagem: pouco tolerante.
Armazenamento: < 3 meses.

SEMEADURA
Quebra de dormência: desnecessária.
Germinação esperada: 40% a 60%.
Tempo para emergência: 15 a 30 dias.

PRODUÇÃO DE MUDAS
Tolerância à repicagem: alta.
Pragas e doenças: nada em particular.
Tempo de produção: 3 a 4 meses; *altura:* 20 a 30 cm; *diâmetro do colo:* > 3 mm.

Fruto: carnoso, dispersão zoocórica.

Semente: intermediária, sem dormência, 9.000 sementes/kg.

Face superior — Face inferior

0 1 2 3 cm

DETALHES MORFOLÓGICOS

Folhas discolores

Cecropia glaziovii Snethl.

URTICACEAE
Embaúba-vermelha

Produção de sementes e mudas

COLETA DE SEMENTES
Período: junho a março.
Técnica: coleta dos frutos de coloração verde-escura direto da árvore, com podão, quando começarem a apresentar bicadas de pássaros.
Altura média das matrizes: 5 a 10 m.

BENEFICIAMENTO
Técnica: esfregar os frutos em peneira sob água corrente para a remoção da polpa e separação das sementes.
Secagem: tolerante.
Armazenamento: > 1 ano.

SEMEADURA
Quebra de dormência: desnecessária.
Germinação esperada: 60% a 80%.
Tempo para emergência: 15 a 30 dias.

PRODUÇÃO DE MUDAS
Tolerância à repicagem: média.
Pragas e doenças: nada em particular.
Tempo de produção: 3 a 4 meses; *altura:* 15 a 30 cm; *diâmetro do colo:* > 3 mm.

Fruto: carnoso, dispersão zoocórica.

Semente: ortodoxa, dormência fisiológica, 880.000 sementes/kg.

Face superior

Face inferior

0 1 2 3 cm

DETALHES MORFOLÓGICOS

Estípula terminal verde quando jovem, mas avermelhada quando adulta

Cecropia hololeuca
Miq.

URTICACEAE
Embaúba-branca

Produção de sementes e mudas
COLETA DE SEMENTES
Período: julho a setembro.
Técnica: coleta dos frutos de coloração preta direto da árvore, com podão, quando começarem a apresentar bicadas de pássaros.
Altura média das matrizes: 5 a 10 m.

BENEFICIAMENTO
Técnica: esfregar os frutos em peneira sob água corrente para a remoção da polpa e separação das sementes.
Secagem: tolerante.
Armazenamento: > 1 ano.

SEMEADURA
Quebra de dormência: desnecessária.
Germinação esperada: 20% a 40%.
Tempo para emergência: 15 a 30 dias.

PRODUÇÃO DE MUDAS
Tolerância à repicagem: baixa.
Pragas e doenças: nada em particular.
Tempo de produção: 3 a 4 meses; *altura:* 20 a 30 cm; *diâmetro do colo:* > 3 mm.

Fruto: carnoso, dispersão zoocórica.

Semente: ortodoxa, dormência fisiológica, 550.000 sementes/kg.

Face superior

Face inferior

0 1 2 3 cm

DETALHES MORFOLÓGICOS

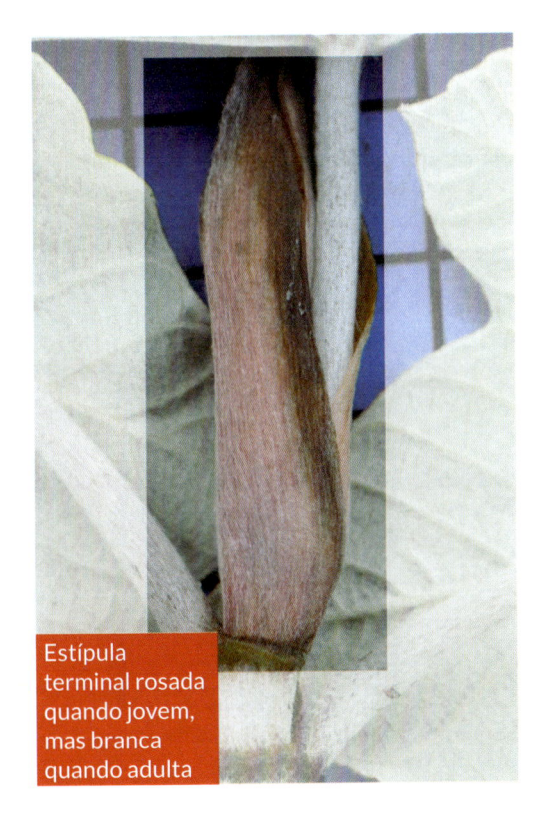

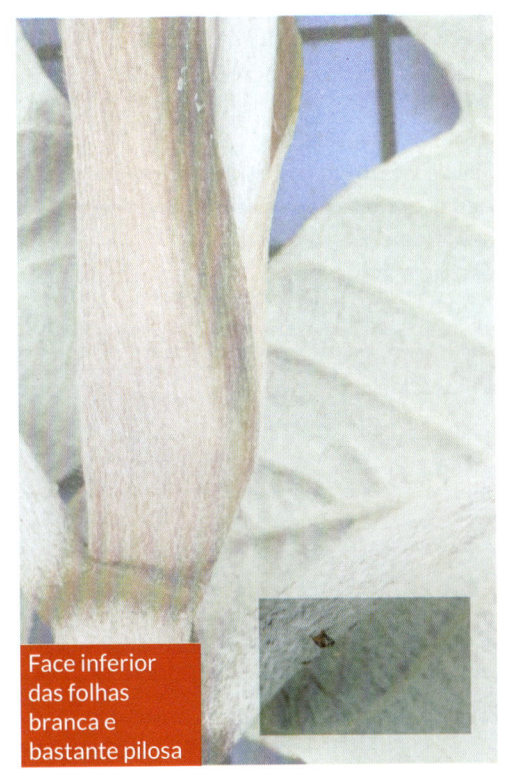

Estípula terminal rosada quando jovem, mas branca quando adulta

Face inferior das folhas branca e bastante pilosa

Cecropia pachystachya
Trécul

URTICACEAE
Embaúba-do-brejo

Produção de sementes e mudas

COLETA DE SEMENTES
Período: julho a novembro.
Técnica: coleta dos frutos de coloração verde-escura direto da árvore, com podão, quando começarem a apresentar bicadas de pássaros.
Altura média das matrizes: 5 a 10 m.

BENEFICIAMENTO
Técnica: esfregar os frutos em peneira sob água corrente para a remoção da polpa e separação das sementes.
Secagem: tolerante.
Armazenamento: > 1 ano.

SEMEADURA
Quebra de dormência: desnecessária.
Germinação esperada: 60% a 80%.
Tempo para emergência: < 15 dias.

PRODUÇÃO DE MUDAS
Tolerância à repicagem: média.
Pragas e doenças: mancha nas folhas.
Tempo de produção: 3 a 4 meses; *altura:* 15 a 20 cm; *diâmetro do colo:* > 4 mm.

Fruto: carnoso, dispersão zoocórica.

Semente: ortodoxa, dormência fisiológica, 850.000 sementes/kg.

Face superior

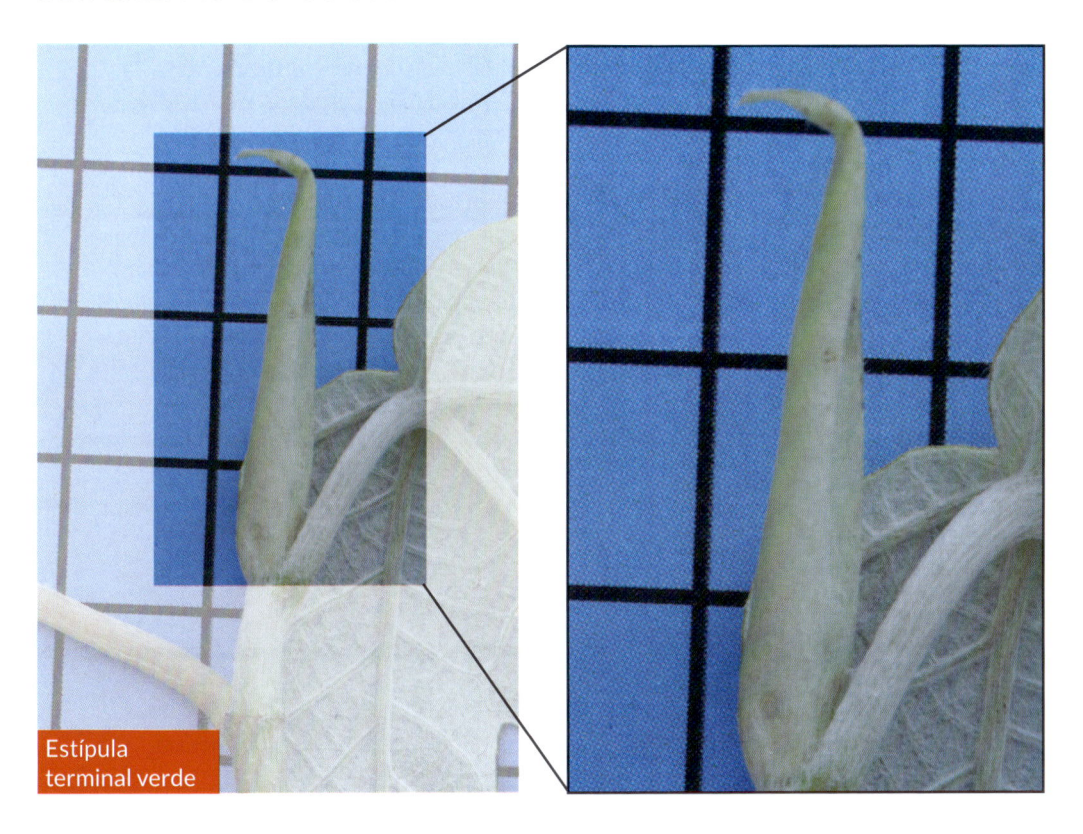

Face inferior

0 1 2 3 cm

DETALHES MORFOLÓGICOS

Estípula terminal verde

Aloysia virgata (Ruiz & Pav.) Juss.

VERBENACEAE
Lixeira

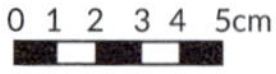

Produção de sementes e mudas

COLETA DE SEMENTES
Período: setembro a novembro.
Técnica: coleta dos frutos de coloração marrom-escura e já secos direto da árvore, com podão, quando outros frutos da árvore já tiverem começado a cair. Outra opção, mais recomendada, é forrar o chão ao redor da árvore com uma lona e balançar os galhos no horário mais quente do dia, desde que não esteja ventando, para que as sementes sejam recolhidas.
Altura média das matrizes: 5 a 10 m.

BENEFICIAMENTO
Técnica: secar os frutos ao sol e esfregá-los em uma peneira para separação das sementes.

Secagem: tolerante.
Armazenamento: > 1 ano.

SEMEADURA
Quebra de dormência: desnecessária.
Germinação esperada: 80% a 100%.
Tempo para emergência: < 15 dias.

PRODUÇÃO DE MUDAS
Tolerância à repicagem: alta.
Pragas e doenças: nada em particular.
Tempo de produção: 3 a 4 meses; *altura:* 20 a 30 cm; *diâmetro do colo:* > 2 mm.

Fruto: seco indeiscente, alado, dispersão anemocórica.

Semente: ortodoxa, sem dormência, 6.000.000 sementes/kg.

Face superior   Face inferior

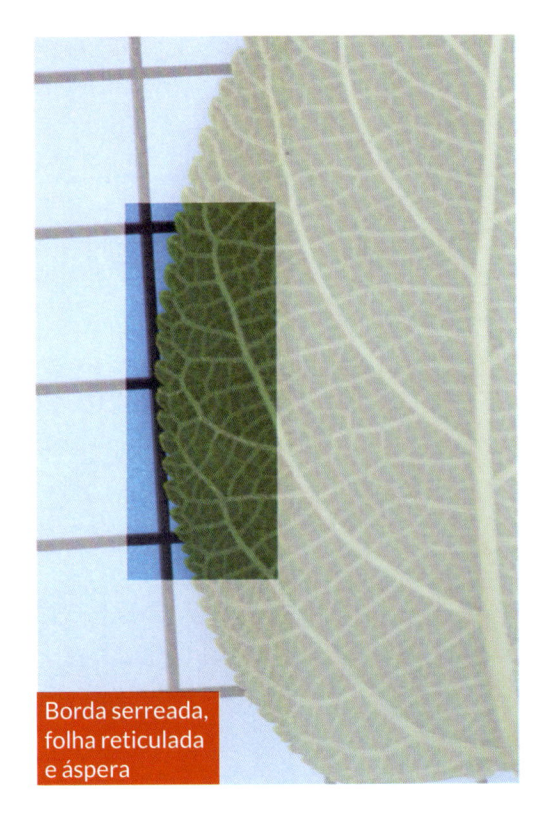

0 1 2 3 cm

DETALHES MORFOLÓGICOS

Borda serreada, folha reticulada e áspera

Caule quadrangular

Citharexylum myrianthum Cham.

VERBENACEAE
Pau-viola

Produção de sementes e mudas

COLETA DE SEMENTES
Período: janeiro a março.
Técnica: coleta dos frutos de coloração vermelha direto da árvore, com podão.
Altura média das matrizes: 10 a 15 m.

BENEFICIAMENTO
Técnica: esfregar os frutos em peneira sob água corrente para a remoção da polpa e separação das sementes.
Secagem: tolerante.
Armazenamento: > 1 ano.

SEMEADURA
Quebra de dormência: desnecessária.
Germinação esperada: 80% a 100%.
Tempo para emergência: < 15 dias.

PRODUÇÃO DE MUDAS
Tolerância à repicagem: alta.
Pragas e doenças: nada em particular.
Tempo de produção: 3 a 4 meses; *altura:* 20 a 30 cm; *diâmetro do colo:* > 3 mm.

Fruto: carnoso, dispersão zoocórica.

Semente: ortodoxa, sem dormência, 16.900 sementes/kg.

Face superior

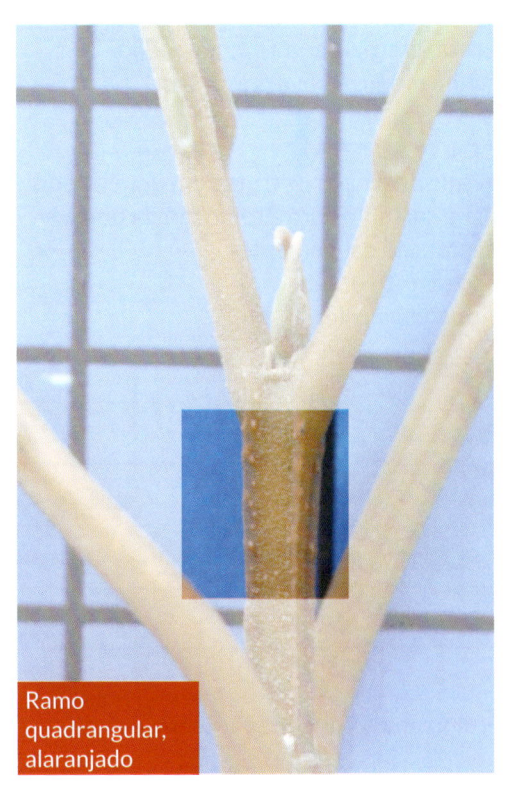

Face inferior

0　1　2　3 cm

DETALHES MORFOLÓGICOS

Par de glândulas no pecíolo

Ramo quadrangular, alaranjado

Drimys brasiliensis
Miers

WINTERACEAE
Casca-d'anta

Produção de sementes e mudas

COLETA DE SEMENTES
Período: novembro a janeiro.
Técnica: coleta dos frutos de coloração preta direto da árvore, com podão.
Altura média das matrizes: < 5 m.

BENEFICIAMENTO
Técnica: esfregar os frutos em peneira sob água corrente para a remoção da polpa e separação das sementes.
Secagem: tolerante.
Armazenamento: < 1 ano.

SEMEADURA
Quebra de dormência: desnecessária.
Germinação esperada: 60% a 80%.
Tempo para emergência: 15 a 30 dias.

PRODUÇÃO DE MUDAS
Tolerância à repicagem: média.
Pragas e doenças: nada em particular.
Tempo de produção: 3 a 4 meses; *altura:* 15 a 30 cm; *diâmetro do colo:* > 3 mm.

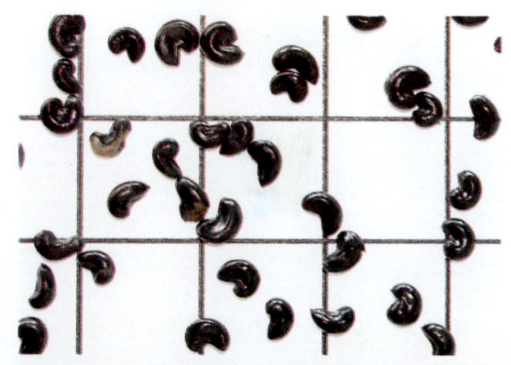

Fruto: carnoso, dispersão zoocórica.

Semente: ortodoxa, sem dormência, 75.000 sementes/kg.

Face superior   Face inferior

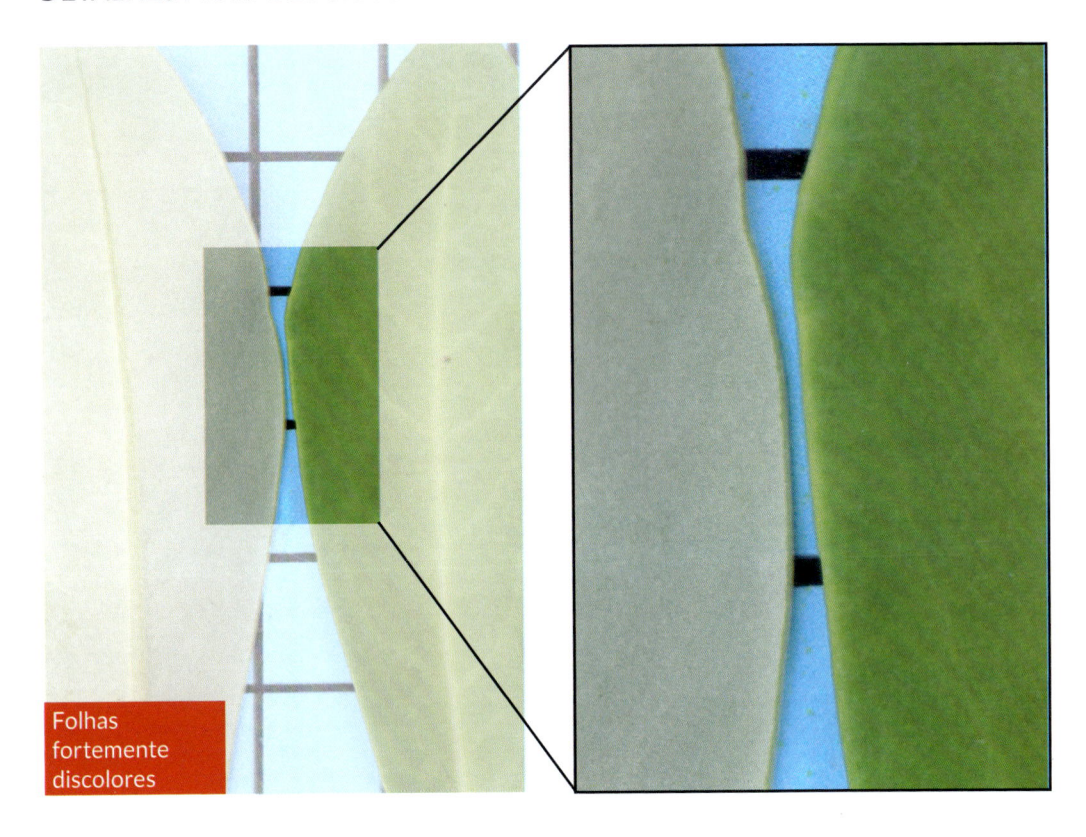

0   1   2   3 cm

DETALHES MORFOLÓGICOS

Folhas fortemente discolores